Q&A はじめよう！
シカの資源利用

丹治藤治　著
監修　宮崎昭／公益社団法人畜産技術協会

農文協

刊行に寄せて

京都大学名誉教授　宮崎　昭

　この度、丹治藤治氏が『Q&A　はじめよう！　シカの資源利用――シカとの共存・資源利用が世界を救う！』を世に出されました。まことに時宜にかない、今までと異なったエポック・メイキングな出来事と考え、ここにエールを送りたいと思います。

　それと言うのは、わが国土資源が長い歴史の中で考えてもみなかったほど広範な獣害に今、見舞われているからです。中山間地の自然環境の荒廃が進み、農林業が苦しみ、さらに都市部までもが被害の頻発に悩まされているからです。

　こうした異常事態に対し、88歳という高齢を顧みずに敢然と立ち向かっておられる姿に、私どもはつねづね敬意を表してまいりました。今回、若い世代に対して強い期待を込めて、本書を通じてその解決に向けた行動を呼びかけられたことは、年齢的に時間があまりないと考えられた上で、44年間に及ぶシカとの長い関わりで得た知識と体験を書き残したいとの思いに駆られたからでしょう。

　わが国で獣害対策が遅々として進まないのは、まず農林水産省と環境省の間で、シカやイノシシなど野生動物に対する認識に大きな違いがあることが挙げられます。その結果、今日、シカ被害対策としては狩猟によるシカ個体数のコントロールが最も盛んになっています。銃による間引きが手取り早いと考えられているからです。しかし、その現場はといえば、何ともいただけたものではありません。

　シカやイノシシなどが古来、日本列島に人が生活を始めて以来、衣食住のすべてにわたって役立ってきた歴史を直視せず、厄介者は何としてでも駆除すればよいとの姿勢で、殺処分後は山野に放置したり埋設したりすることに、何ら心の痛みを感じなくなっています。そこには「もったいない」と思う気持ちはなくなり、こうした心の荒廃はもはや看過できなくなっています。丹治氏はこれに我慢がならないのです。

いっぽう私は大学で主として牛を対象に家畜栄養生理学的研究をはじめとして、畜産資源学や国際畜産論を専門として研究、調査を定年退官まで続けてきた過程で、昭和49（1974）年からは奈良シカの栄養学的研究を行ったり、これらの研究をもとに昭和62（1987）年には全英鹿産業協会の年次研究会に招かれ、「ニホンジカ ── 過去・現在・未来」と題して特別講演を行い、世界の養鹿業関係者との交流を持ったりしてきました。さらに、平成２（1990）年に設立された全日本養鹿協会の調査研究事業に関わるようになって、同協会専務理事の丹治氏との交流を続けてまいりました。

　ともに同じ昭和49（1974）年からシカとの関わりを持ったことで意気投合した２人は、わが国でシカをめぐる環境が大きく変化し、とくに近年、「獣害王国」とでも表現できる生活環境を憂いて、その解決の一助として、平成28（2016）年１月に単行本『シカの飼い方・活かし方 ── 良質な肉・皮革・角を得る』（３頁写真）を農文協から出版いたしました。それは温故知新、シカと日本人の長いつきあいを振り返り、過去の知見と体験、技術を活かして新たなシカ資源活用産業を興そう！　との趣旨からでした。

　そうした中で思いがけないことに知人が同じような思いに駆られ、岩波新書として平成28（2016）年８月に『鳥獣害 ── 動物たちと、どう向きあうか』を出されました。読めば、鳥獣害に対し、哲学的に深く思索しておられました。著者は祖田修氏で、ご専門は農学原論、地域経済論でした。同氏と私は京都大学大学院農学研究所にほぼ同じ時期に在職していましたが、シカについて話したことはありませんでした。定年後は長らく顔を合わせる機会に恵まれませんでしたが、ともに深刻化する鳥獣害を憂い、このまま放置すればとんでもない事態が起こると考えていたのでした。

　世の中にはきっと同じように、この問題を何とかしなければならないと考える人が多いにちがいありません。それは主として戦後を生き抜いた高齢者だろうと思います。自らの手でこの状況を大きく好転させるには体力面で、また気力の点でも無理であり、丹治氏も私もその範疇にいるのでしょう。そこで丹治氏は「はしがき」に、１人でも「多くの若い皆さんに本書をお読みいただき、今後の自らの進路決定や地域の新たな仕事づくり、地域おこしなどの資料としてお役立ていただけますと幸いです」と述べられているのです。

　ぜひ本書を、シカについて知る第一歩としてお読みいただきたいと思いま

す。その上でより詳しく知ろうとする方々には、前述の単行本『シカの飼い方・活かし方』を基礎編としてお読みいただきたいと思います。そしてその先には、今後実践が期待される養鹿経営で経験を積んだ人々の体験をもとに、読者の皆さんがいつか書き下してくださるであろう応用編の発刊を切に期待しています。

　「ローマは一日にしてならず」でしょうが、「千里の行も足下より始まる」（老子・六十四章）ことを期待して、本書の添え書きといたします。

良質な肉・皮革・角を得る
シカの飼い方・活かし方
宮崎昭・丹治藤治　著

Ａ５判 176頁　本体価格2,200円＋税
シカと日本人との関係史を紐解き、現状のシカ対策の問題点を浮き彫りにするとともに、シカの捕獲・馴化から飼育管理、全身利用の仕方に至るまで、地域産業として成り立たせるための方策を具体的に提案する。養鹿と資源活用の手引書。

はじめに

シカと共存し、資源利用を持続的にすすめるために

　明治以降、日本人のシカとのつき合い方を見てみると、そのときどきの国の政策に大きく左右されながら変遷を繰り返してきたことがわかります。

　シカの生息数の多い北海道では、明治4（1871）年から捕獲したシカの食肉利用や皮革の生産と輸出が行われていました。その背景には、明治政府による殖産振興政策があり、農業分野でも欧米の牧畜技術を積極的に取り入れて牧畜業の振興が図られたことがあります。

　大正8（1919）年に狩猟法制定とともにシカは野生動物とされ、捕獲が禁止されます。その後、60年あまりが経過して昭和23（1948）年に狩猟法が改正されますが、特別保護区の規制強化は続きました。そして、全国各地でシカの個体数が増加し、農林業被害や自然植生への影響が深刻化して増加の勢いは止まらず、平成27（2015）年現在、野生シカの生息頭数は300万頭を超

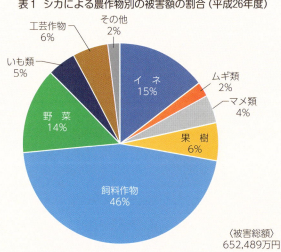

表1　シカによる農作物別の被害額の割合（平成26年度）

えるほどになっています(北海道除く／環境省発表)。元々は奥山の特定地域に定住していたシカが分散化し、広範囲に移動することにより、被害地は拡大の一途をたどっているのです。

その一方で、昭和47(1972)年には、北海道鹿追町で三好則重氏ら12名が野生シカ捕獲の許可を環境庁(現・環境省)から得て日本で最初の管理飼育を始めました。昭和61(1986)年からは、栃木県をはじめとして、福島県、大分県などで外来種のダマシカやアカシカを導入した飼育が始まりました。その後、養鹿の動きは全国に広がりました(巻末76～77頁に牧場一覧を掲載)。

平成13(2001)年、ニューヨーク同時多発テロ事件発生の年、BSE(牛海綿状脳症)が海外から侵入により発病事例が確認され、畜産行政が混乱。そのあおりを受ける形で養鹿産業が長い冬眠期に入ることになります。

このように、シカをはじめとした鳥獣害対策は大きくブレながら推移してきました。ようやく、平成18(2006)年に「特定休猟区制度」(休猟区であってもシカ、イノシシなどの狩猟が可能になる制度)が創設。さらに平成26(2014)年、「鳥獣の保護及び管理並びに狩猟の適正化」に関する法律が制定(翌年4月より施行)されて、新たな個体管理(生息数の調整)に向けた道筋がつけられようとしています。

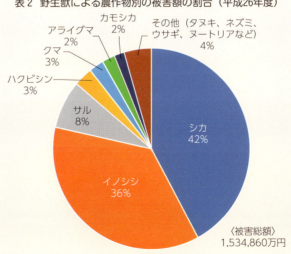

表2 野生獣による農作物別の被害額の割合(平成26年度)

古来、日本においてシカは適度に資源利用しながら、人と森・シカとが共存してきました。今こそ、こうした共存のモデルに学び、生態系のバランスをとりながら、シカと人間が共生できる世界を実現していく行動に一歩踏み出してみませんか。

　シカは産業家畜と違い、餌として濃厚飼料（穀物）を必要としない動物です。そのため、本来人間に回るべき穀物がなくとも、地域に繁茂する植物資源を活かすだけで立派に育て上げることができます。

　現在、世界に共通する地球温暖化や逼迫する食料（とくに穀物）事情、世界人口の増加、またわが国においては鳥獣被害の拡大や食糧自給率の低下、農家の高齢化や後継者不在による耕作放棄地の拡大など、緊急性を要する問題が山積しています。

　このシカ資源の利活用の問題を皆とともに学び、語り合ってみませんか。

　本冊子はシカ資源の利活用に関する問題について10のテーマに分けてわかりやすく解説し、資源活用に役に立つ情報を取り上げています。多くの若い皆さんにお読みいただき、今後の自らの進路決定や地域の新たな仕事づくり、地域おこしなどの資料としてお役立ていただけますと幸いです。

平成30（2018）年3月

日本鹿皮革開発協議会　会長
丹治藤治（獣医師）

目　次

刊行に寄せて
はじめに

Q1 なぜシカはここまで増えたのでしょうか？ ……………… 10
　増減を繰り返してきたシカの生息数　10
　シカの異常増加は人為に起因―その4つの要因　12
　シカ資源の持続的な利活用へ　13

Q2 シカはどのような生きものなのでしょうか？ …………… 15
　シカの体の特徴は？　15
　シカの一年の生態と一日の行動サイクルは？　17
　シカの生態と行動習性の特徴は？　18

Q3 近年急速に増え続けるシカに
どう対処したらよいのでしょうか？ ……………………… 22
　駆除対策が被害を拡大させている!?　22
　シカとの共生と資源利用を両立させる　23
　定住シカを里に下ろさない「鹿垣」という知恵　25

Q4 シカは資源としてどのように活用できるのでしょうか？ …… 27
　シカの「害獣」視を改め、その持続的な利用へ　27
　❶ 肉の利用法は？　―さまざまな部位の利用へ　27
　❷ 皮革の利用法は？　―柔軟性や優しい肌触り、強靭さを活かして　29
　❸ 幼角の利用法は？　―乾燥させたものが漢方薬の重要な原料に　30
　❹ 枯角の利用法は？　―硬い割に加工がしやすい性質を活かして　31
　❺ 骨などの利用法は？　―再生医療の素材や畜産飼料としての可能性　31
　Column 鹿骨の驚くべき効果　33

Q5 シカの肉や幼角を薬膳や漢方薬として
どのように利用したらよいのでしょうか？ ……………… 35
　日本型薬膳料理の普及に向けて　35
　シカ肉の成分と健康への効果　36
　漢方素材として用いられてきた幼角　38
　明らかになってきた幼角の優れた機能　39
　Column 鹿肉を利用した薬膳家庭料理　42

Q6 海外でシカの資源活用は
どのように行われているのでしょうか？ ……………… 46
　　中国でのシカ産業の推移　46
　　ニュージーランドでの鹿産業の推移　48
　　Column 中国の養鹿と幼角（鹿茸）の利用・加工　51

Q7 シカを家畜として扱うことはできるのでしょうか？ ……… 53
　　養鹿の黎明期へ　53
　　養鹿の最盛期から試練期へ　54
　　養鹿の早期復活へ向けて　56

Q8 野生シカを人に馴れさせるには
どうすればよいのでしょうか？ ……………………………… 57
　　子ジカの捕獲の仕方　57
　　子ジカの哺育の仕方　58
　　飼養管理の基本原則は？　60

Q9 どうすればシカ資源を活用した地域産業を
興すことがきるのでしょうか？ ……………………………… 62
　　まずは先進地域や過去の事例から学ぶこと　62
　　シカ産業立ち上げのためにまず必要なこと　63

Q10 シカを中山間地の地域づくりに活かすには
どうすればよいのでしょうか？ ……………………………… 68
　　日本の鹿牧場の実践から考える　68
　　シカを生かした地域産業立ち上げに必要なこと　70

あとがき

［イラスト］岩間みどり　［裏表紙の絵］鈴木理沙（栃木県立宇都宮白楊高校）

〈資料〉
1．日本におけるシカの歴史と養鹿、資源利用などの流れ ……………… 72
2．全国のシカ牧場での飼育頭数と品種（平成2年3月31日現在）……… 74
3．養鹿に関する情報を得るための実践記録と技術資料一覧 …………… 76

〈図表一覧〉

【表】

表1　シカによる農作物別の被害額の割合（平成26年度）
表2　野生獣による農作物別の被害額の割合（平成26年度）
表3　野生シカの生息数と捕獲数の推移（北海道除く）
表4　シカ対策に関する法制度の変遷
表5　ニホンシカのDETA
表6　シカ幼角酒の生産会社と商品
表7　シカ肉・内臓・幼角および牛脂・豚脂の比較（重量％）
表8　ニュージーランドにおけるシカ対策の歴史
表9　日本における輸入シカの年次別推移
表10　産物ごとの商品化に向けた特徴
表11　地域の文化資源を活かした地域産業おこしとして取り組んできた東西の優良事例

【図】

図1　シカの体の特徴
図2　シカの一日
図3　シカの一年の行動サイクル
図4　ニホンシカの分布図
図5　広島県呉市安浦の内平・原畑地区の鹿垣（ししがき）
図6　シカ肉の部位別の呼称
図7　シカ革と他の皮革との強さと柔軟性の比較
図8　シカ革と他の皮革との表面組織のちがい（顕微鏡写真）
図9　シカ皮の断面模式図（繊維組織）
図10　幼角の組織
図11　シカ骨のX線回析パターン成績（株式会社三井化学分析センター測定）
図12　産卵に及ぼす鹿骨などの効果
図13　シカ肉とほかの肉との成分などの比較
図14　マウス二段階発癌実験における発癌性
図15　エゾシカとアカシカの幼角脂質（総合脂質）の比較
図16　シカの皮革の特徴と商品開発例
図17　シカ牧場の配置図（長野県・大鹿養鹿生産組合南アルプス鹿牧場の例）

Q1 なぜシカはここまで増えたのでしょうか？

A

シカの生息数が増えてきたのは人為的な要因が大きいといえます。主な理由としては、①頂点捕食者であるオオカミの絶滅化、②広葉樹から針葉樹への造林政策、③地球温暖化による積雪量の減少、④行政の対応の遅れや銃による捕獲の行き過ぎなどが挙げられます。

増減を繰り返してきたシカの生息数

　古代から明治に至るまで、広葉樹林が広がる山里では、人とシカ、そしてオオカミが共存関係を維持しながら互いの生活を営んできました。一方、江戸時代に入ると新田開発の進展により食料生産が拡大、安定化して人口が急激に増加し、明治維新以降は国をあげた文明開化の推進により、暮らしや産業に大きな変化が生まれることになります。

　明治5（1872）年頃から、殖産興業の一環として酪農の振興が図られ、また天皇による肉食解禁の実践などにより鹿肉の消費も増加しました。しかし、シカは大雪に弱いため、大雪が降る年は生息頭数が激減する一方で、気候の温暖化によって繁殖力が高まるなど、時代によって数の変動が激しい資源です。こうしたことから、明治、大正、昭和から平成に至る一世紀半における人とシカとの関係は、資源の枯渇、保護と異常増加による駆除を周期的に繰り返してきた歴史ということができま

道路脇の草を食べるエゾシカ

す。

　明治13（1880）年、北海道では豪雪によりシカが減少しました。その後、大正8（1919）年には狩猟法が制定されてシカの捕獲が禁止となります。それから60年あまり経過した昭和55（1980）年頃から、野生シカの増加が目立ちはじめ、平成5（1993）年頃になると急激な増加に転じ、こうした異常増加に対する被害防止対策が望まれるようになりました。そのため、平成20（2008）年2月に「鳥獣による農林水産業等に係る被害防止のための特別措置に関する法律」が施行され、国（主に産業振興政策の視点からの農林水産省と主に環境保護政策の視点からの環境省）も本格的に鳥獣被害防止対策事業に乗り出すようになります。

　しかしながら、その後も増加の勢いは止まらずに、平成27（2015）年に環

表3　野生シカの生息数と捕獲数の推移（北海道除く）

境省から公表された野生シカの生息頭数は、300万頭を超えています（北海道を除く）。

現在、こうした野生シカの異常増加によって、生態系の異変や複合汚染の誘発が危惧されています。

シカの異常増加は人為に起因
―その4つの要因

日本における野生シカのこうした異常増加は、人為に起因することが大きいといえます。その要因としては以下に挙げる4点が重要です。

❶ オオカミの絶滅

まずは自然生態系の中の頂点捕食者であるオオカミの絶滅です。明治38（1905）年を最後に国内でニホンオオカミの姿は確認されておらず、ニホンオオカミは絶滅したといわれています。人為的にオオカミを根絶したことが、生物界の食物連鎖の循環を断ち切ることとなり、その結果天敵を失ったシカやイノシシが増加する要因となっていることは間違いありません。

頂点捕食者だったオオカミ

❷ 森林環境の変化

次に挙げられるのは、森林環境の変化です。明治33（1900）年から、国策として広葉樹林を針葉樹林に転換する造林政策がすすめられ、さらに戦後は針葉樹一辺倒の造林政策が長く続いたことにより、シカの餌場となる広葉樹林が一気に減ったことも重大な要因と

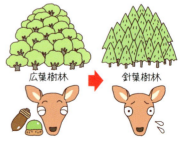

広葉樹から針葉樹に転換し、エサ場を失う

いえます。

❸ **地球の温暖化による影響**

　地球の温暖化の影響も無視できません。気候が温暖化することによって全国的に降雪量が減ってきているため、冬場の積雪地帯での生存率が高まったことも大きな要因です。

温暖化により積雪量が減り、生息域が拡大

❹ **シカ対策の遅れと欠陥**

　こうした野生シカの異常増加の兆候に対して、行政として管理・調整に乗り出すのが遅くなったことです。しかも野生シカの縄張り（定住域）にまで分け入り、銃による捕獲を行って無差別に排除した結果、シカが定住域から逃げて移動シカとなり、人里にさかんに姿を見せるようになってきたと思われます。

銃による捕獲対策がシカ被害を拡大させている!?

シカ資源の持続的な利活用へ

　以上のような野生シカ増加の要因を踏まえたうえで、今後の鳥獣被害対策では、従来の方策にとらわれない新しい発想による対策を展開していく必要があります。シカとの共存により、シカ資源の持続的な利用を図っていくことができるように、利用と保全を両輪として科学的な根拠に基づいて計画的にすすめていくことが重要です。また、資源の利活用による製品開発にあたっては、人と森・シカとの共生、さらには森林資源とシカ資源を融合させた新しい地域産業の形態になるように育成していくことが不可欠です。

　その手順と方策について、このあとのQ&Aで詳しくみていきます。

表4　シカ対策に関する法制度の変遷

西暦（和暦）	シカ対策の内容
1892年（明治25年）	「狩猟規則」制定とともに1歳以下のシカの捕獲禁止措置がとられる。
1901年（明治34年）	「狩猟法」の改正を受けシカの禁猟が解除される。
1918年（大正7年）	「狩猟法」の改正にともないシカが狩猟獣に指定される。これ以降、基本的には戦後まで狩猟獣として捕獲され続け、各地の個体数は減少に向かう。
1948年（昭和23年）	個体数の減少を受け、雌シカが狩猟獣から除外される。
1950年（昭和25年）	雄シカのみが狩猟獣とされる。しかし、生息数は各地で減少、各地で捕獲禁止の措置がとり続けられた。
1978年（昭和53年）以降	環境庁は雄シカの捕獲数を1日1頭に制限。保護政策は、次第に効果を発揮する。
1980年（昭和55年）代以降	各地の個体群の状況は大きく変わり、個体数が増加。農林業被害や自然植生への影響が深刻化しはじめる。
1992年（平成4年）	環境庁が初の「管理マニュアル」を作成する。
1994年（平成6年）	個体数の急増を受け、一定の条件のもとで「雌シカの狩猟獣化」が許可される。
1998年（平成10年）	シカを含む毛皮獣の狩猟期間短縮措置が廃止。北海道では捕獲数制限が1日1頭から2頭に変更される。
1999年（平成11年）	シカなど特定鳥獣の増加と農林業被害、生態系攪乱の深刻化を受け、「特定鳥獣保護管理計画」制度が新たに創設される。
2002年（平成14年）	「鳥獣の保護及び狩猟の適正化に関する法律」として改められる。
2006年（平成18年）	再度の改正により、休猟区であってもシカ・イノシシなどの狩猟が可能となる「特例休猟区制度」の創設や、網・わな免許の分割が行われるが、全国的に深刻なシカ被害を解決できないまま現在に至る。
2014年（平成26年）	「鳥獣の保護及び管理並びに狩猟の適正化に関する法律」に改定され、従来の保護中心の対策から、積極的な捕獲も含めた管理の転換が図られる。

Point

　シカによる農作物被害を本気で減らそうとするならば、その生産物を持続的に活用できるよう、わが国の進んだ畜産技術をシカ飼育にも応用し、シカの準家畜（特用家畜）扱いを徹底して、採算性のある畜産業の一つとして育成していくことが求められています。

Q2 シカはどのような生きものなのでしょうか？

A シカは走るのにとても適した二つの蹄をもち、同じ蹄類の牛やヒツジ、ヤギよりも走行速度が早く、これらの家畜に比べても学習能力や視覚・嗅覚・聴覚に優れています。臆病で慎重、警戒心が強く、人馴れしづらい動物ともいわれますが、山間の荒地や不毛の地でも生息でき、環境への適応力は抜群です。加えて食性が広く、エサに穀類を必要としないため、人間が食べるべき主食的な食料とも競合しない動物です。

シカの体の特徴は？

日本には、在来種であるニホンシカの亜種が7種います。北海道のエゾシカ、本州のホンシュウジカ、四国・九州にいるキュウシュウジカの他、島しょ部にツシマジカ（対馬、長崎県）、マゲジカ（馬毛島、鹿児島県）、ヤクシカ（屋久島、鹿児島県）およびケラマジカ（慶良間諸島、沖縄県）です（その他に、千葉県に外来種であるキョンが、和歌山県友ガ島にはニホンシカの亜種であるタイワンジカが野生化しています）。これらのニホンシカに共通する体の特徴を見てみましょう。

表5 ニホンシカのDETA

	オス	メス
体長*	90～190cm	90～150cm
体重	50～130kg	25～85kg
寿命**	10～15年	15～20年

* 肩から尾のつけねまで。尾の長さは含まない
** 餌付けされるともっと長く生きることもある

体毛
ニホンシカは、シカの中でも体の模様が美しいことで知られています。夏には鹿の子模様（白い斑点）があり、尾は黒い毛で縁どられています。冬になると斑点が消えて濃い茶色の毛になります。

冬毛のニホンシカ

角
オスの場合、角が春から初夏にかけて生え出し、秋を迎えるころに完成します。しかし、その角も春（3〜4月）になると根元から落ち、新しい角に生え変わります。敵から身を守るための武器になったり、オスとして優れていることをアピールする目印になったりします。

足
ジャンプ力に優れ、1〜2mの高さを飛ぶこともできます。脚力も強く、急な斜面を駆け登ることもできます。

尾
危険を感じると毛が逆立ちます。

蹄
スパイクの役目をし、速く走るのを助けます。最高走行時速は72kmにもなりますが、雪が60cm以上あると跳躍でしか進めません。

図1　シカの体の特徴

シカの一年の生態と一日の行動サイクルは？

シカの一年は、子どもをつくる発情期とそれ以外の期間に大きく分けられ、9〜11月の発情期以外は、オスとメスが別々に生活します。メスは子どもと母親で群れをつくりますが、オスは発情期以外オスだけで群れをつくり、子どもでも1歳をすぎるとオスの群れに入ります。

群れの数は住んでいる地域によって違います。南に住むシカは4〜5頭の小さな群れで生活することが多く、北に住むシカは比較的大きな群れ（10〜25頭ほど）で生活し、北海道（エゾシカ）などでは100頭を超える群れをつくることもあります。

シカはふつう、夜に活発に活動しますが、餌の少ない冬場は朝や日中でも餌を探します。その一日は、餌を食べては消化するといった繰り返しです。日没とともに餌場を探して移動し、2〜3時間ほど食べ、食べ終わると安全な場所に移動し、座り込んで2〜4時間ほど反すうして消化します。

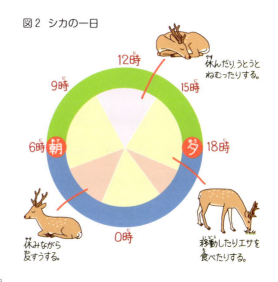

図2　シカの一日

シカの生態と行動習性の特徴は？

ニホンシカは日本の風土と気候に適応し、古代から森林動物として森とのバランスを保ちながら生活してきました。森に繁茂する下草や小さな灌木などを食べ、樹木に太陽光線を与えて成長を促す役割を果たし、森林と大きな

軋轢を生むことなく共生してきたのです。

生態や行動習性の特徴は以下のとおりです。

❶ 臆病で慎重、聴覚・嗅覚が発達

シカは自然的条件下においては非常に野性的で、勇猛であると同時に臆病で慎重な行動をとります。人を怖れることが多く、人が接近するとすぐ逃げるか人を避けようとします。鳴き声でシカの群れに警告を伝えて全体に警戒心を持たせようとします。

シカは恐怖や憤怒を感じる時には、眼の下の涙腺がすぐに開き、両耳が直立するか、後ろ向きになります。尻の斑毛は逆立ち、歯ぎしりしながら脚を踏んで敵を迎える態勢を示すか、鋭い声をあげて素早く逃げ去るのが普通です。

図3 シカの一年の行動サイクル

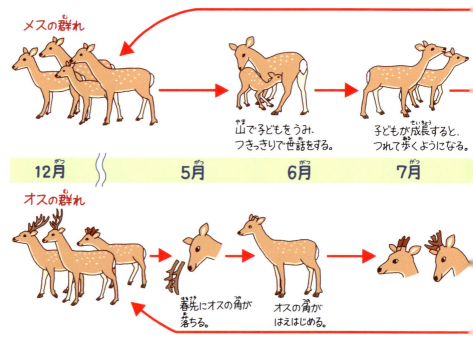

シカの感覚器官の中で、とりわけ聴覚と嗅覚がよく発達しています。シカの耳は大きくて長いため音声を聴くのに最適の器官で、即時に各種類の音声が聴けてそれを分別することができます。すべての疑わしい音声は、それが小さいものでもよく聴こえます。

臆病で慎重なシカはふつう人を怖がる

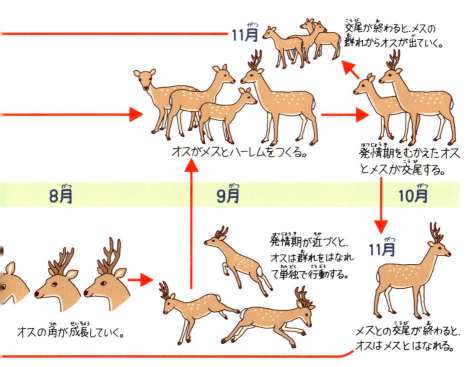

[出典]『シリーズ鳥獣害を考える③シカ』(農文協) より

❷ **警戒心と好奇心が同化**

普通、採食するときは何時も体を風上に向けるようにします。嗅覚器官は、シカが活動中に方角を分別したり、餌を捜したり、異性を求めたり、敵害を避けたりするのに重要な道具です。鋭い嗅覚によって餌を捜すほか、鋭い聴覚によって数百メートル以上先の獣や人間の動きに気づいて、直ちに危険から脱出するこ

危険がないと知るとエサをあさりにくる

とができます。横になる時でも、いつも警戒心を持ち、いざ自分に向ってくる敵があればすぐ立ち上がって逃げ出すのです。逃げる時のシカは頭を上げたまま角を利用して、目を樹の枝で傷付けられないようにします。ただし、いったん危険がないと判断すると少しずつ落ち着き、安心して餌を摂り出します。

そうした臆病な性格の一方で、シカは一種の好奇心も持っています。敵の存在に気がつくと、すぐには逃げないでまず見て、鼻で嗅いで、敵が近付いて来るのを感じ取ると、数歩走ってから止まり、方向をよく見極めます。敵が確かに自分を追ってくることが確認されたら逃げ出します。もし敵が追って来ないとわかるとシカは逃げることはありません。

❸ **昼夜を問わず活動、植物を採食する**

昼間はほとんど林の中に隠れて過ごします。敵害の少ない地方では、白昼でも採食に出ることがあります。シカは遠くから人間が近付くのに気付くと休息の場所から林の中に逃げ込んでしまいます。太陽が沈んで、空気が涼しくなり、そよ風が吹いてくるとシカの動きが活発になってきます。とくに、雨や雪が降る前に一段と活動的になるようです。

シカは一般的には、傾斜地とか灌木地を選んで休息します。人の目を避けることができると同時に、視野も広いからです。

❹ 寒冷な気候に強い適応性、雪や強風時は休息

シカは寒冷な気温に対しても強い適応性を持っています。気温がマイナス20〜40℃になっても我慢できます。シカに影響する要素は雪の深さです。雪の深さが30cm以上になるとほとんど活動しません。一方、晴天の時は比較的活発です。冬期に風が強い日には、林の中に避ける場所を捜して風を除けます。

昼夜を問わず活動し、植物を採食する

風の強い日には木陰で休み、積雪量が浅ければ雪の中でも歩く

Point

シカは草食性ですが、繊維質の少ない若い草類やササ、灌木、樹葉など食性の幅が広く、環境への適応性も高いため、馴化がうまくできれば、休耕田や荒廃地を再利用したり、水田畦畔の草を利用したり、さらに里山や林間放牧など地域の未利用の土地を最大限に活用して飼育することが可能な動物です。

Q3 近年急速に増え続けるシカにどう対処したらよいのでしょうか？

A

現状の駆除対策では、移動シカを増やすだけで、被害を拡大することにもなりかねません。シカの居住区域を3つ（保護区、狩猟区、資源利用区）に分け、多くのシカは本来定住していた場所（山地や半島の先端域、川の源流域など）の環境を整えて戻してやり、資源利用区では養鹿（シカの飼育）により資源をまるごと利用する産業を興すことが必要です。

駆除対策が被害を拡大させている!?

　現在、シカの異常増加に対して駆除を中心にした対策が全国的に行われています。しかし、駆除によって問題の解決を図っていくことには限界があり、こうした緊急避難的な対策が逆に新たな被害を誘発することにつながっているのも事実です。
　図「ニホンシカの分布」に見るように、本来シカは人がめったに足を踏み入れることのない山地や半島の先端域、川の源流域などに定住し、その領域外に出ることはめったにありませんでした。しかしながら、本格的に銃を使ってシカを捕獲しようと山に分け入ることにより、結果的に銃声でシカを驚かせ、本来定住していた場所からシカを追い払うことにつながっています。その分散したシカは移動シカとして餌を求めてさまよい、その一部は山を降りて里に向かうことになるのです。このようにして本来被害を抑えようとして行っている駆除対策が、結果的に被害地域を拡大することにつながるとい

う皮肉な事態も生じてしまっているのです。

　このような現実を見据えた上で、今後どのように問題に対応していったらよいでしょうか。

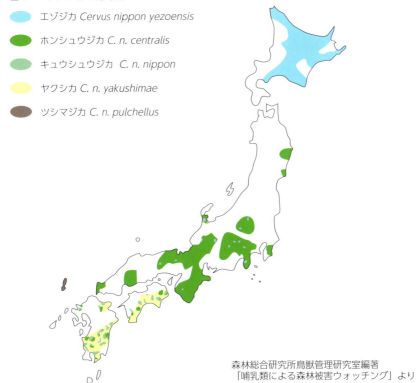

図4　ニホンシカの分布図
- エゾジカ *Cervus nippon yezoensis*
- ホンシュウジカ *C. n. centralis*
- キュウシュウジカ *C. n. nippon*
- ヤクシカ *C. n. yakushimae*
- ツシマジカ *C. n. pulchellus*

森林総合研究所鳥獣管理研究室編著
「哺乳類による森林被害ウォッチング」より

シカとの共生と資源利用を両立させる

　シカの異常増加の問題を考える際には、その害をどのように防ぐのかという喫緊の課題も重要ですが、ここで一度、人とシカのかかわり合いの歴史をひも解いてみることも重要です。古代から日本人とシカとは深い関わり合い

を持ってきたことから、その歴史をしっかり把握するとともに、ニホンシカの資源としての価値を再度検証し、「害獣」＝「駆除対象」としてのみ見るのではなく、地域にとっての「未利用資源」＝「宝」として位置付け直し、捕獲とともに積極的に利活用の方策を考えていくことが不可欠です。

とはいえ、野生シカの資源利用というと、近年の傾向としては、駆除したシカの肉を活かした「ジビエ（鹿肉）の推進」に偏りすぎているようにも見受けられます。現状ではシカの増加は続いているように見えますが、北海道のエゾシカにみるように、その数は減少に転じ始めています。こうした状況を見ると、将来的にシカ資源の持続的な資源利用を図っていくにあたっては、野生シカのみに頼るのではなく、飼育も含めて資源の確保を図っていく必要がありそうです。

そこで、将来にわたってシカとの共生と資源利用を両立させるための方策として、以下のことを提案いたします。

❶ シカを以下の3区域に住み分けさせ、現状で移動シカとして、農作物や林産物に多くの被害をもたらしている多くのシカたちを保護区（定住シカの生息適地）に回帰させる。
　◎保　護　区：野生シカを特定地域に定住させ、その地域内での火銃利用などによる狩猟を禁じて個体を保護する区域
　◎狩　猟　区：野生シカの火銃利用による狩猟を認め、捕獲したシカ資源を自由に活用できる区域
　◎資源利用区：火銃利用ができない区域として、シカが安心して定住できる区域を設ける。その区域内で鹿笛や餌、ミネラルなどで誘引し、生体捕獲したシカを馴化、飼育・繁殖（養鹿）して資源利用する区域

❷ 以上の住み分けにより、資源利用区内でのシカの飼育（養鹿）と資源利用を本格化させ、持続的な地域産業として育成する

❸ 資源利用区内でのシカ飼育のための新技術、とくに馴化と育種・繁殖の技術を開発し、確立する

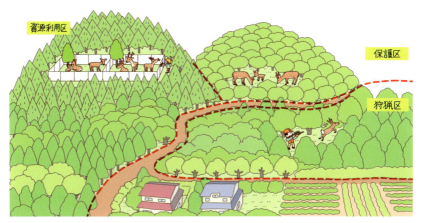

シカとの共生と資源利用を両立させるために、保護区・狩猟区・資源利用区の3区域に棲み分けさせる

定住シカを里に下ろさない「鹿垣」という知恵

　かつて山間部では、「鹿垣（ししがき）」とよばれるシカの侵入を防ぐ設備が、シカによる農作物や林産物の食害を防ぐ目的で造られていました。中世のころから、個々の耕地を囲む設備はありましたが、広大な地域を多くの村落が連合して防御しようと共同で鹿垣を構築する動きは、江戸時代の中期、享保～宝暦（18世紀中期）ころからさかんになりました。

　シカの侵入を防ぐために石垣は2m以上の高さが必要でした。そのため、鹿垣は山腹を掘ってうがったり、谷側に土石をつみ上げたりして、恒久的な空堀または防塁が築かれ、なかには木柵や木を密生させたものもみられました。木曽山脈の東麓では50～60kmにわたり、ほぼ連続した土塁が山麓線に沿って築かれています。

　これは村普請（村の共同作業）または数か村の連合によって築かれ、藩の入り用援助がなされたこともありました。小豆島にあるものでは延長120kmに及ぶ土塁と石垣が今でも残っており、明治時代まで畑のさつまいもや野菜を守っていたといわれています。

　猪垣はイノシシの身長以上の高さに作れば十分とされましたが、その代り

図5 広島県呉市安浦の内平・原畑地区の鹿垣
　　（ししがき）

川筋や谷筋に沿ってイノシシは山から出てくるので、水門を設けて水路からの侵入を防ぐ工夫が必要であったといわれます。鹿垣や猪垣はいずれも「鹿垣」と呼ばれていましたが、その動物の肉が食用となる大型獣の総称が「宍（しし）」といわれたからです。現在ではこのような大がかりな土木工事をするところはほとんどありませんが、中部地方に残る鹿垣では、現在電気柵を設置してその機能を補強しているところもあります。

　定住シカを里に下ろさせない方策の一つとして、こうした昔の知恵や施設に学び、現代に活かしていくことも必要ではないでしょうか。

広島県呉市安浦の内平・原畑地区は、西に山を背負い、東南も小山に囲まれた地域で、昔からシカやイノシシの被害に悩まされ続けてきた。そこで、村人たちは村を取り囲むように石垣を造成。長さは4.4km、高さ1.5m で、所々に落とし穴を設けている。文化9年（1812年）から築きはじめ、文化10年（1813年）3月に完成。規模は中国地方最大級といわれている。（写真提供：安浦町まちづくり協議会）

Point

　将来的にシカ資源の持続的な資源利用を図っていくためには、野生シカのみに頼るのではなく、飼育も含めて資源の確保を図っていく必要があります。まずは、現状で移動シカとして農作物などに被害をもたらしている多くのシカたちは保護区に回帰させ、狩猟区で生体捕獲した野生シカは、資源利用区内で馴化、飼育・繁殖（養鹿）して資源利用し、持続的な地域産業として育成することが重要です。

Q4 シカは資源としてどのように活用できるのでしょうか？

A シカは皮革や肉、角、骨など全身利用が可能な資源であり、部位ごとの利用範囲も広いのが特徴です。さらに、骨や胎盤、鞭、筋、尾および内臓なども利用することができ、捨てるところがありません。とくに肉や幼角をはじめ、多くの部位が薬膳や漢方薬などの薬用には欠かせない有効成分を有する貴重な資源であり、今後はジビエに偏らない商品開発が求められます。

シカの「害獣」視を改め、その持続的な利用へ

　全国各地でシカの被害に翻弄されている現在、ジビエをのぞくと、あまりその資源価値について話題に上ることが少ないのが現状です。ここで一度、シカの「害獣」視を改め、シカを貴重な資源として捉え直し、その持続的な利用について、さまざまな視点から本格的に検討していく必要があるのではないでしょうか。

❶ 肉の利用法は？　―さまざまな部位の利用へ

　シカ肉は栄養素や機能性成分を多く含み、利用価値も高く、多面的な商品化が期待されます。しかしながら、現状ではジビエ料理用にヒレやロースを中心に肉利用がされている程度であり、料理の素材としてさまざまな部位の利用によって、その量を拡大していくことが期待されます。

　シカ肉は通常、ヒレ、ロース、モモ、カタ、バラ、スネ・スジなどに仕分けて利用されています。肉は部位ごとに特性があり、旨みもそれぞれ異なり、ヒレやロースよりも、バラ肉などは脂肪成分が多く、旨みがあります。

通常、レストラン料理に用いられているシカ肉はロースやヒレなどの高級部位が中心で、ジビエ料理を最重視した流れにあります。今後は視野を広めた利用が望まれ、薬膳料理や加工肉の開発を図り、消費を定着、安定化させていくことが重要です。

　また、部位肉の中で低級位のバラやスネ肉などは、人体に有用な含有成分が多く、旨味もしっかりしています。とくに、骨付きバラ肉には脂肪成分が多く、ヒレなどとは異なる旨味があります。シカ肉に適合するタレを厳選し、シカ肉の旨さを引き立てるようにするとよいでしょう。

　ほかの家畜肉とは異なるこうしたシカ肉の機能性成分を活かして、病後の滋養強壮や老人食として、また生活習慣病患者用の食材として普及することが期待されるところです。

　そのほか、シカの場合には肉以外の肝蔵や心臓などの利用も可能です。

（注）シカ肉の総合的な利用や分野別料理レシピなどについては平成14年発刊の「鹿肉を利用した西洋料理等レシピ集」（畜産技術協会からの委託で全日本養鹿協会が調査研究を行った際の事業成果報告書として作成）をご参照ください。問い合わせは日本鹿皮革開発協議会まで。

図6　シカ肉の部位別の呼称

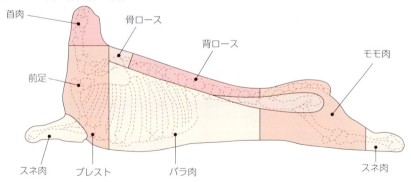

❷ 皮革の利用法は？
―柔軟性や優しい肌触り、強靭さを活かして

　シカ革は肌触りが柔らかく、細い繊維からなるため、軽くてしなやかさがあります。しかも丈夫で、保湿性や吸湿性にも富み、牛・豚の皮革よりも品質がよく、高級素材であるといえるでしょう。

　シカ革は人類が最初に用いた天然素材で、衣服文化の源泉です。またニホンシカの皮革は、断面繊維構造が0.5mmの「微細な繊維」が集合しており、超微細な束となって絡み合い、多空間構造をもち、柔軟性にも優れ、さらに肌触りが良くて軽

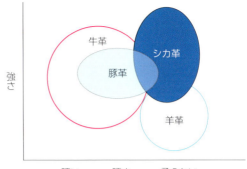

図7　シカ革と他の皮革との強さと柔軟性の比較

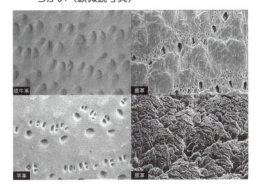

図8　シカ革と他の皮革との表面組織のちがい（顕微鏡写真）

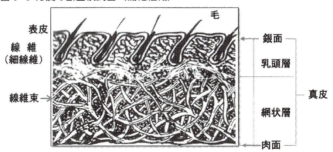

図9　シカ皮の断面模式図（繊維組織）

く、引張性や引裂性に富み、丈夫で優れた素材です。

しかしながら、国内の鹿革製品の大部分は、外国産であり、自給率は1％にも達していません。伝統工芸品の印伝も、その材料は中国産の鹿皮（キョン）を使っています。一方、奈良の正倉院で所蔵しているニホンシカの皮革を使った製品は、1300年経過した今でも古の原型を保っています。

❸ 幼角の利用法は？　―乾燥させたものが漢方薬の重要な原料に

シカ類の角は、毎年成長して骨化した枯角が4月中旬ごろに落ち、5月頃から再び新しい幼角が成長して枝分かれし、骨質化して新しい枯角が完成します。このうち、角が柔らかく、血液が通って成長している角の時期のものを「幼角（袋角、鹿茸（ろくじょう））」とよんでいます。

これを乾燥させたものは漢方薬の重要な原料となり、心臓機能の回復、消化管や腎臓機能の促進、筋肉の疲労回復、神経系の鎮静および精力減退や更年期障害の回復促進などに効果があるといわれています。

図10 幼角の組織

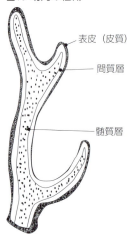

表皮（皮質）
間質層
髄質層

部位により成分が異なっており、上位に有効成分の含有が多く、下部は少ない傾向にある

ニホンシカの幼角（上）、幼角を輪切りにしたもの（下）

❹ 枯角の利用法は？
―硬い割に加工がしやすい性質を活かして

鹿角は、4月中頃に落ちたものを回角、1～2月に切り取ったものを乾角といいます。縄文時代の人たちはこうした鹿角で釣り針やヤマの道具を作り、弥生・古墳時代は鹿角を卜骨（占い用の骨）として使っていました。

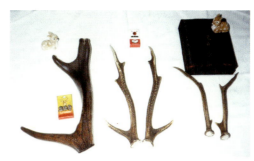

左端はアカシカ、ほかはニホンシカの枯角

鹿角は象牙よりもあらゆる点で優れています。象牙は大部分が軟質で、硬質は最上端に極一部しかなく、品質的にも難点があるのに対して、鹿角

枯角の加工品（ペーパーナイフ）

は硬質が大部分を占めており、軟質は角の中心部の一部にあるだけで、品質が優れています。硬い割には加工がしやすいので、その風合いを生かしてペーパーナイフやアクセサリーなどに利用されています。

枯角は幼角を切り取らずに角が硬くなって骨質化した後に切ったり、自然に落ちたものを集めたりして利用します。

なお、その粉末は効能的に幼角よりも劣りますが、むくみを解消したり、うっ血を散らしたりするほか、子宮出血を治す効果もあります。今後、さらに新たな分野で素材として使われることが期待されています。

❺ 骨などの利用法は？　―再生医療の素材や畜産飼料としての可能性

古代より、鹿骨は装飾品や釣具などとして用いられてきました。しかし、近年捕獲されたシカはその多くが廃棄されるため、とりわけ鹿骨は腐らな

いことから環境汚染などが懸念されています。

　しかしながら、鹿骨は緻密で硬く、多孔質であることから、粉末化されてアパタイトとして人工骨や歯といった再生医療の素材として製品開発への期待が高まっています。

　骨が含有する主な無機質の成分は、カルシウム、リン、マグネシウム、カリウム、ナトリウム、塩素、イオウ、鉄、銅、コバルト、亜鉛、マンガンなどです。この粉末を産卵鶏の餌に混ぜて給餌することで産卵改善が期待されるとのデータもあり、今後は畜産飼料としての利用も期待されるところです（33頁のコラム参照）。

　そのほか、肝臓や心臓などの内臓についても漢方薬の素材として期待されるとともに、人間の食材として、またペット用飼料の素材としての用途開発が切望されるところです。

骨の粉末

Point

　シカは皮革や肉、角、骨など全身利用が可能な資源ですが、とりわけ肉や幼角をはじめ、多くの部位が薬膳や漢方薬などの薬用にできる有効成分を含んでいます。また、実用化に向けてまだ道半ばなところがありますが、今後は骨（粉末）の再生医療用素材や畜産飼料への利用にも大きな注目が集まっています。

Column

シカ骨の驚くべき効果
―再生医療用素材や畜産飼料など新用途開発に期待!

　シカ骨は緻密で硬い無機質からなり、また多孔質であることから、粉末化し、アパタイトとして再生医療用素材(人工骨や歯代替品など多孔質体の骨補填材)への活用が期待されています。

　また、多くのミネラルや微量要素が成分として含まれており、乾燥シカ骨の粉末を産卵鶏の餌に混ぜて給餌することにより、卵殻強度の卵改善が図られるという試験結果もあり、畜産飼料への利用も期待されるところです。その有用性を示すデータを見てみましょう

❶ シカ骨の結晶アパタイトX線回折パターン(株式会社三井化学分析センター)

　緻密で硬く、多穴質のシカ骨は、粉末化され、アパタイトとして再生医療用素材として優れています。調査によれば、シカ骨の結晶アパタイトX線回析パターンは歯や骨と類似しており、骨や歯への利用が適していることが示唆されました。

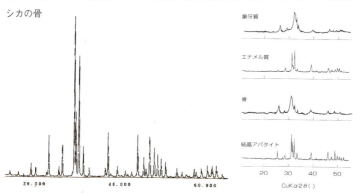

図11 シカ骨のX線回折パターン成績(株式会社三井化学分析センター測定)

シカ骨は歯や骨のX線解析パターンとよく似ている。
右図の出典:青木秀希著『驚異の生体物質アパタイト』(医歯薬出版)

❷ 乾燥シカ骨粉給与による鶏卵の卵殻強度や産卵日量に及ぼす影響（日本科学飼料協会）

　採卵鶏飼料の無機リン（P）源として乾燥シカ骨粉を用いて卵殻強度に及ぼす影響等について実証試験を行った結果、以下のグラフのように、卵殻の強度を増す効果が認められています。

　通常の蒸製骨粉と対比すると、供試鶏の体重が小さいにもかかわらず1日の産卵量が有意に増加しており、飼料要求率でも大幅な改善がみられました。他の天然機能素材と併用した場合の効果においても同じ結果が見られ、以下のことがわかりました。

- 乾燥シカ骨粉は安全であり、畜産用飼料でのP（りん酸）源として十分利用が可能である。
- 乾燥シカ骨粉を与えると、体重の小さい個体の産卵日量、卵重がよくなり、飼料要求も優れた成績を示す。
- 生理活性作用の可能性が示唆された。
- シカ骨粉にはカルシウム、リンのほか、鉄、亜鉛などが含有されており、今後有用資源として期待される。

　このようにシカ骨は、今後さまざまな製品開発が期待されるところです。

図12　産卵に及ぼすシカ骨などの効果

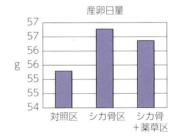

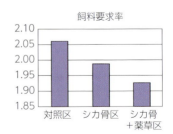

Q5 シカの肉や幼角を薬膳や漢方薬としてどのように利用したらよいのでしょうか?

A 肉は美味しさを追求する特別なジビエ料理ではなく、日常的に食べながら健康を増進する日々の家庭料理としての活用や薬膳料理としての活用が望まれます。また、幼角（鹿茸）は古来より滋養強壮の漢方薬の素材として用いられ、未病を治す素材とされてきたことから、その機能性を生かした新たな製品開発についても期待されています。

日本型薬膳料理の普及に向けて

　現在、肉や角など鹿産物の栄養や機能性に注目が集まっている中で、その薬膳料理や漢方薬への利用が期待されています。

　薬膳は中国3000年の英智が教える栄養食膳です。とくにシカ肉を使った薬膳料理は、皇帝や王侯貴族たちの栄華を極めた時代の食文化の一つであるとともに、戦争に明け暮れた民衆の、貧しさと戦うための食の知恵でもあったことも事実です。

　薬膳には、病気を治療する食事療法としての「治療薬膳」と、医食同源を基本とした食効（食養）に注目した「養生薬膳」に区分されます。後者の養生薬膳は、病気治療よりも日々の健康の維持管理に焦点をおいた食文化です。

　日本で鹿肉を利用した薬膳料理をすすめる場合には、中国薬膳の摸装や借物ではなく、医学や栄養学の知識も組み入れながら、家庭で手軽につくることのできる「養生薬膳」のレシピにしていく必要があります。その際に古く

から中国に伝わるシカ肉を利用した代表的な薬膳料理を参考にするとよいでしょう（42頁からのコラム参照）。

シカ肉を使ったヘルシーサラダ

ロース肉のロースト（薬膳素材の松の実、ザクロ付き）

シカ肉の成分と健康への効果

　シカ肉は健康食として古くから利用されてきました。近年、シカ肉には人の健康に役立つとされるさまざまな有効成分が含まれていることが判明しつつあり、医薬品などへの活用が期待されています。また、最近の研究によれば、自律神経失調症や更年期障害・生活習慣病・アレルギー患者にも効果があることがわかってきました。
　以下、シカ肉の成分組成と健康への効果を見てみましょう。

❶ 消化吸収が良い

　　シカ肉はミオグロビンを多く含み、赤暗色です。ミオグロビンの分子にはタンパク質と結びついたヘム鉄が含まれ、体への吸収がよく、野菜なみに消化時間は短かくなっています。また、同時にコラーゲンの含有量が少ないことも、消化吸収を促進する理由の一つとなっています。

❷ 生理活性に有益な成分が豊富

　シカ肉は生理活性に有益な共役リノール酸やDHA（ドコサヘキサエン酸）を含有しています。DHAは魚類中心の成分と思われていますが、シカ肉のほか幼角や内臓などにも含まれていることが新たにわかりました。また、必須脂肪酸のリノレン酸は牛肉よりもはるかに多いうえに、n３系脂肪酸のα-リノレン酸とn６系脂肪酸のリノール酸の含有割合のバランスがよく、食事療法の指標にも適合しています。このn３型脂肪酸（α-リノレン酸、EPA、DHAなど）が多く、脳梗塞や心筋梗塞、動脈硬化症の予防や癌予防にも役立つものとして期待されています。

❸ 高タンパクで低脂肪・低コレステロール

　シカ肉は高タンパクでありながら、低脂肪・低コレステロールで、身体にとって理想的な食材であるといえます。とくに、共役リノール酸は牛肉よりはるかに多く含まれています。

❹ 有益な脂肪酸が豊富

　旨味の多いアミノ酸のほか、共役リノール酸、アラキドン酸など有益な脂肪酸を含んでおり、動脈硬化や心筋梗塞、心臓疾患、生活習慣病の予防に効果があることが知られています。

❺ コレステロール低減効果

　シカ油は血清中のコレステロールや中性脂肪を低減する効果が認められました。このコレステロール低減効果は肝臓機能を改善することにもつながり、今後のさらなる解明が期待されるところです。

　今後は、メタボ患者や貧血症者（ヘモグロビン低下患者）向け食材としても期待され、ペットのエサへの利用だけでなく、人間向けの食材としてもさらに利用をすすめていくことが求められています。

図13 鹿肉とほかの肉との成分などの比較

消化時間（h）
鹿肉は、ヘム鉄を含み、消化時間が短い

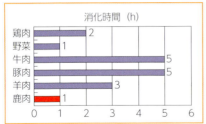

コレステロール（μmol/g）
鹿肉は、低コレステロールの健康食

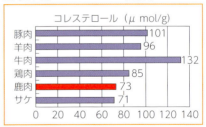

脂肪（g/100g）
鹿肉は、非常に脂肪がすくない

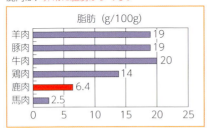

蛋白質（g/100g）
鹿肉は、蛋白質を一番多く含む

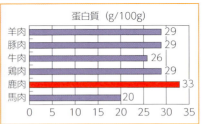

漢方素材として用いられてきた幼角

　幼角（鹿茸）の成長は非常に早く、成長段階により、また使用する部位により、その成分が異なってきます。また、幼角の品質は除角時期と加工方法により変わるため、安定した技術体系の確立が求められます。

　幼角は古来より滋養強壮の漢方として用いられ、未病を治す素材とされてきました。記憶力や集中力の維持に役立つと言われているDHA（ドコサヘキサエン酸）、EPA（エイコサペンタエン酸）や強い抗酸作用を持つ複数アミノ酸結合物カルノシンが含まれている点も大きな特徴といえます。

　これまで日本においても、こうした幼角の成分を特殊な方法で抽出した薬用酒「気快」などの商品開発が行われてきました（39頁の表「鹿幼角酒の生産会社と商品」参照）。しかし、平成13（2001）年に発生したBSEの余波で、幼角原料の確保が不可能となり、現在は製造が中断されています。

表6　シカ幼角酒の生産会社と商品

商品名	開発者	製造会社（工場所在）	販売開始～終了	備考
気快	㈱カルタン	福徳長酒造㈱（福岡）	昭和63年～平成15年	リキュール類
角酒	八木鹿牧場	（資）山崎本店酒造場（長崎）	平成1年～13年	酒・リキュール類
鹿角酒	相良	高知酒蔵㈱（高知）	平成3年～10年	リキュール類
光人	寿屋㈱	本坊酒蔵㈱（鹿児島）	平成4年～5年	リキュール類

明らかになってきた幼角の優れた機能

幼角の効果について、エゾシカを利用した動物実験結果から次のようなことがわかってきました。

❶ SOD活性化向上作用効果

　SOD（スーパーオキシドディスムターゼ）は、細胞内に発生した活性酸素を分解する酵素で、老齢化に伴って減少していきます。ラットに30日間にわたり幼角（粉末）を投与する実験から、幼角を与えたものは、与えないものより2.5倍の活性効果を示すことがわかりました（中国内蒙古医学大学、1996年）。

❷ 長寿・健康維持の効果

　フルーツフライに幼角（粉末）を投与する実験から、幼角投与区は、新陳代謝の促進、精力の増加によって生存日数が長くなり、対象区（無投与区）に比較して3割ほど長生きしたことがわかりました（中国内蒙古医学大学、1996年）。

❸ 免疫促進作用の効果

　マウスに1週間幼角（粉末）を投与する実験から、幼角投与区は、対照区よりも免疫力が非常に高くなりました（中国内蒙古医学大学、1996年）。

❹ 生活習慣病（癌）に対する効果

幼角の成分を薄層クロマトグラフィーにより分析した結果、幼角には人体に有用で、発癌予防や動脈硬化症予防となる生理活性物質の共役リノール酸（CAL）を含有していることが明らかになりました（日本大学食品工学科、2000年）。

幼角は処理方法により成分量が変わります。加熱乾燥法により、抽出物を採収した場合、水溶液抽出物と有機抽出物の収量

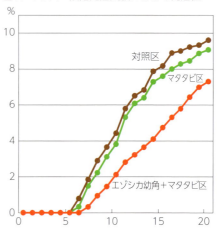

図14 マウス二段階発癌実験における発癌性

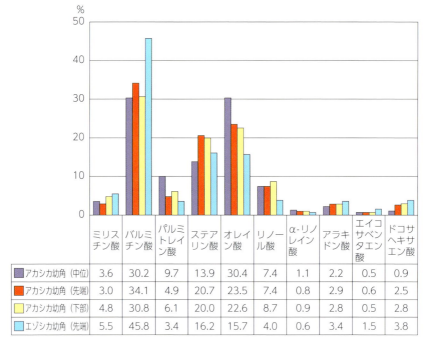

図15 エゾシカとアカシカの幼角脂質（総合脂質）の比較

	ミリスチン酸	パルミチン酸	パルミトレイン酸	ステアリン酸	オレイン酸	リノール酸	α-リノレイン酸	アラキドン酸	エイコサペンタエン酸	ドコサヘキサエン酸
アカシカ幼角（中位）	3.6	30.2	9.7	13.9	30.4	7.4	1.1	2.2	0.5	0.9
アカシカ幼角（先端）	3.0	34.1	4.9	20.7	23.5	7.4	0.8	2.9	0.6	2.5
アカシカ幼角（下部）	4.8	30.8	6.1	20.0	22.6	8.7	0.9	2.8	0.5	2.8
エゾシカ幼角（先端）	5.5	45.8	3.4	16.2	15.7	4.0	0.6	3.4	1.5	3.8

が、フリーズドライ法と比べて少なくなります。また、加熱加工法は溶解性成分を減少させます。

表7 シカ肉・内臓・幼角および牛脂・豚脂の比較（重量%）

	鹿肉	鹿内臓	幼角	牛脂	豚脂
ミリスチン酸	2.3	2.2	1.3	6.3	1.5
パルミチン酸	29.1	27.7	20.1	26.5	27.0
ステアリン酸	17.0	26.4	10.0	24.4	11.5
小計（S）	48.4	56.3	31.4	57.2	40.0
パルミトオレイン酸	8.0	4.4	3.7	3.3	4.0
オレイン酸	30.0	24.9	19.3	37.4	51.0
リノール酸	1.7	2.1	4.0	2.1	5.0
リノレン酸	1.0	0.9	0.9	—	—
CLA	2.1	2.5	1.0	—	—
アラキドン酸	0.1	0.3	10.2	—	—
エイコサペンタエン酸	0.1	0.8	2.3	—	—
ドコサヘキサエン酸	0.1	0.9	1.1	—	—
小計（P）	43.1	36.8	42.5	42.8	60.0
資料	日大			油化学便覧	

Point

薬膳では「甘味」「温性」の食材とされるシカ肉は、からだを温め、血脈を整え、増血にも貢献します。また、精力減退を予防するとともに、抗老化作用もあり、五臓を養う食べものとして長く利用されてきました。日頃から薬膳を意識した家庭料理として食べることで、常日頃の健康増進につながるとともに、虚弱体質の人には体質改善を促し、病後の体力回復にもよい効果が期待されます。薬効の高い幼角とともに、今後大いに利用していきたいものです。

Column

シカ肉を利用した家庭薬膳料理

❶ シカ肉の四物菜湯(しもつさいとう)

【効能：冷え症・生理不順、婦人病の治療補助に】

● 材料（4人分）
- シカ肉（薄切り）適量
- 当帰(とうき)、川芎(せんきゅう)、芍薬(しゃくやく)　各10g
- 熟地黄(じゅくじおう) 4 g
- 小松菜 1〜2 株
- 干シイタケ 4 枚
- ニンジン小 1 本
- ショウガ 1 片
- ネギ 5 cm
- トリガラスープ 8
- 酒大さじ 3
- 塩少々
- サラダ油　適宜

● 作り方

① 材料の生薬をさっと洗い、6カップの水で半量になるまで弱火で煎じる（ほうろうやガラス鍋を使うこと）。さらに水2カップを加えて半量に煮つめて漉す。

② 干しシイタケは水でもどし、軸を落としてそぎ切り。小松菜は塩少々を入れた湯で軽くゆで、食べやすい大きさに切る。ニンジンは乱切り。ネギとショウガはみじん切りに。

③ 鍋にサラダ油を熱し、ショウガ、ネギを炒める。ガラスープを加え、シカ肉、シイタケ、ニンジンを入れ、アクを取りながら煮る。

Point

このスープを基本にすれば、あらゆる生薬でスープを作ることができる。生薬が多い場合はガーゼに包んで煎じるとよい。漢方薬局で自分の症状に合わせて調合してもらい、煎じ薬を作っておくと便利である。薬膳には10種類の生薬を入れた「十全大補湯(じゅうぜんだいほとう)」や何十種類も入れて作る「鹿肉補腎湯(ほじんとう)」「人参全鹿湯」などがある。

④③の中に①の煎じ汁を好みで入れ（カップ1くらいから試してみる）、小松菜を入れて、酒、塩などで味を整える。

❷ シカ肉と鹿茸(ろくじょう)の鍋

【効能：強精効果あり、遺精・腰痛などの症状に】

- 材料（4人分）
  - ・シカ肉400g
  - ・鹿茸10g
  - ・高麗人参5g
  - ・山イモ20cm
  - ・長ネギ2本
  - ・アサツキ2束
  - ・酒、しょうゆ、塩、コショウ 適宜

- 作り方
  ① シカ肉は2cm角に切る。長ネギとショウガはみじん切り。アサツキは5cmくらいにざく切り。山イモは皮をむき酢水にしばらくつけて、小口切りに。
  ② 中華鍋に油を熱し、長ネギ、ショウガを炒め、シカ肉を入れて焦げ目をつけ、軽く塩、コショウを振り入れる。皿に取り出しておく。
  ③ ②の鍋に水をたっぷりと入れ、鹿茸と高麗人参を20分くらい煮てから、シカ肉と山芋を入れる。酒、塩、コショウ、しょうゆで味を整え、アサツキを加えてすぐに食べる。

❸ シカ肉の陳皮(ちんぴ)炒め

【効能：からだを温め、食欲増進をはかる】

- 材料（4人分）
  - ・シカモモ肉（薄切り）300g
  - ・タケノコ小1/2個
  - ・ピーマン2個
  - ・ナッツ（カシュウナッツ、ピーナッツなど）30g
  - ・ネギ3cm
  - ・ショウガ1片
  - ・陳皮(ちんぴ)のきざみ大さじ1
  - ・唐辛子1本
  - ・炒め油と揚げ油 適宜

- 下ごしらえ用調味料
  - ・酒少々
  - ・塩小さじ1/3
  - ・コショウ少々
  - ・かたくり粉大さじ1

- 仕上げ用調味料（混ぜておく）
  - ・砂糖小さじ1
  - ・酒大さじ1
  - ・しょうゆ大さじ1
  - ・ゴマ油少々
  - ・かたくり粉小さじ1/2
- 作り方
  ①シカ肉に下ごしらえ用調味料を混ぜておく。
  ②シカ肉に合わせて筍は薄切り、ピーマンは食べやすい大きさに切る。唐辛子、ネギ、ショウガはみじん切り。陳皮はぬるま湯につけておく。
  ③揚げ油を熱し、①のシカ肉と②の野菜とナッツを油通しする。
  ④鍋に油を熱し、ショウガ、ネギ、唐辛子、陳皮を炒め、③の材料をあわせてさらに炒め、仕上げ用の調味料を手早くまぜる。ゴマ油をまわしかけて出来上がり。

❹ シカ肉の胡麻揚げ

【効能：抗老・若返り・補腎と健胃のために】
- 材料（4人分）
  - ・シカモモ肉300g
  - ・黒ゴマ100g
  - ・卵1個
  - ・小麦粉、揚げ油　適宜
- 下味用調味料
  - ・ネギみじん切り、ショウガおろし汁、紹興酒(しょうこうしゅ)、塩、コショウ　それぞれ少々
- 作り方
  ①シカ肉を一口カツくらいの大きさに薄く切り、下味用の調味料をからめて下味をつける。小麦粉をつけてよくはたいておく。
  ②卵を溶き①のシカ肉を通し、炒って半ずりにした黒ゴマをまぶしてねかせておく。
  ③揚げ油を熱し、②の肉を揚げる。

《生薬の効能》
- 当　帰—セリ科のトウキの根茎を乾燥したもの。婦人病にはよく使われる生薬。更年期障害、貧血、冷え症、生理不順など、血液の循環をよくする症状に最適である。
- 芍　薬—ボタン科のシャクヤクの根を乾燥または蒸乾したもの。白芍（外皮を除去したもの）は鎮痛作用が高く、腹痛や疼痛に用いるが、赤芍（外皮をつけたもの）は利尿、散血の効果があるので、婦人病一般に用いる。
- 川　芎—セリ科のマルバトウキの根茎を、日本産ではセリ科のセンキュウの根茎を乾燥する。婦人病には欠かせない生薬で、汚れた血液をきれいにし、補血、鎮痛効果が高い。貧血症や冷え症、生理不順などに用いる。
- 熟地黄—ゴマノハグサ科カイケイジオウの根をそのまま（乾地黄）、あるいは蒸して（熟地黄）乾燥したもの。補血、強壮、貧血、虚弱改善などに用いる。
- 陳　皮—ミカン科の成熟果実の果皮を乾燥させたもの。健胃、整腸、止嘔、去痰、鎮咳などの働きがある。消化促進のためによく利用される。

Q6 海外でシカの資源活用はどのように行われているのでしょうか？

A 昭和45（1970）年ごろ、世界十数か国（中国、モンゴル、ソ連、イギリス、ニュージーランド、フィンランド、ノルウェーなど）で養鹿事業を推進しようとの気運が高まりました。その理由は、幼角（鹿茸）を漢方薬に利用するため、とても高価に取引されたためです。現在、一大産業としてシカの資源利用が盛んに行われているのは、以下に取り上げる中国とニュージーランドです。ニュージーランドでは、肉を韓国に輸出する一方で、国内では主に皮の利用をすすめてきました。

中国でのシカ産業の推移

中国では、古くより走りが早く美麗な姿のシカを権力者の具として利用し、権力者の独占物であったことが知られています。また、秦の始皇帝による万里長城築城時（紀元前3世紀ごろ）には、兵士たちの体力強壮剤（原料は幼角）としても利用されていました。中国の養鹿は、清時代（1557～1626年）に皇帝が狩猟・観賞用として始めたといわれています。そして、1773年頃から馴化飼育を開始しています。

中国には多品種のシカが生息し、資源が豊富です。そして、種類別に特性が異なり、資源としての利用用途も多種多様です。特に、ジャコウジカはワシントン条約で規制対象となっている希少資源であり、ハナジカ（梅花鹿）とアカシカ（馬鹿）は漢方素材の資源として長い歴史を刻んでいます。

中国のシカ飼育頭数は、1940年代に約1,000頭（うち吉林省600頭）と、大幅に減少したため、1947年国策により養鹿場開設を奨励してシカの増頭を図りました。さらに、1952年には中国農業科学院中国特産研究所を設立して養鹿技術の確立・向上を図ります。そして、1970年には国策として幼角の増産を図り、より高付加価値な商品づくりや養鹿の産業化に向けて基礎固めをすすめ、海外交易も推進してきました。また、子ジカの人工哺育や鹿笛による誘引等についても多岐にわたるノウハウを蓄積し、高付加価値化を求めた商品づくりを行っています。

　なお、筆者らは昭和60（1985）年代から、25年あまりにわたって日中間の養鹿技術交流や現場研修を行い、シカの馴化技法（子ジカの人工哺育や鹿笛による誘引など）や飼養管理、繁育などについて多くのノウハウを知ることができました。

　ワシントン条約による希少資源である貴重なジャコウジカとシフゾウ（四不像／シカ科）について、1975年から2003年まで行ってきた技術交流、また1997年の四川省ジャコウジカ研究所訪問、ジャコウジカの保護と疾病対策に関する協定書の取り交わしなど、日中の養鹿技術交流史にその歴史が刻まれています。

中国・吉林省の養鹿場

中国で売られる幼角製品

ニュージーランドでの鹿産業の推移

　野生シカの異常増加に対して駆除重点の対策では解決できず、民間が主導して生体捕獲と養鹿を行うことによってようやく解決できたニュージーランドの歴史経過と実践例は、今後日本でシカ対策を行っていくにあたって、参考事例としてしっかりと参照していくことが望まれます。

　ニュージーランドはもともと哺乳類がいなかった島です。その土地に1800年代にニホンシカやアカシカを狩猟用に導入すると、ニホンシカは未定着となるものの、アカシカが著しく繁殖し、何十万頭にも増加して環境破壊を起こします。そのため1934年からアカシカの大規模な駆除が行われました。

　ところが、初めの3年間で10万頭にも及ぶアカシカが銃で捕獲駆除された

にもかかわらず、複雑な地形のこの島では到底駆除しきることはできずに一進一退をくり返し、結局30年間の事業は思うような成果を上げることができませんでした。その後、1960年代になり、民間の力でシカ産業が開始され、ヘリコプターによる野生シカの生け捕り技術が開発されました。

ヘリコプターを飛ばし、機上のネットガンから網を発射して、生け捕り、柵を巡らした牧場に追い込みます。牧場は草地をフェンスで囲み、入口を開けてシカを囲いの中へ誘導する方法で、頭数30万以上のシカを収容しています。

一方、畜産学者らとの連携により、捕獲したシカの試験的な飼育に取り組み、精密な分析と計画によって養鹿産業立ち上げに向けて成功に導くことができています。

シカは牛や羊より人手がかからず、濃厚飼料の給与も少なくてすみます（皆無でも可能）。飼料効率が高いうえに繁殖率も高く、お産も軽いため、飼育がはるかに楽です。しかも、生産できる肉は牛や羊よりも脂肪分が30％も少なくてコレステロール価も低いため、一般の消費も拡大し、シカ産業として定着、発展していきました。

1970年代に入り、養鹿産業は広く認知されるようになり、やがて鹿肉が輸出されようになったのです。1980年代に入るとシカは家畜として認知され、食肉生産もすすみ、重要な輸出産業に育っていくことになります。

ニュージーランド・オークランド州の養鹿場

表8 ニュージーランドにおけるシカ対策の歴史

年号	シカをめぐる情勢
1872年	もともと島には鹿が生息しなかったが、英国よりアカシカを導入する
1872年	ニュージーランドから H. Z. Wilson 氏が訪日、「日本は今から養鹿の基礎固めをすべし」と堤言する
1930年	シカ導入から約60年後のこの頃からシカが異常増加し、被害発生がはじまる
1931年	国は野生シカ庁を設立し、プロの狩猟師を雇用してシカの駆除を開始する
1932年	シカの異常増加が目立ちはじめる
1936年	国策として大規模な駆除を開始する
1960年	約30年かけて取り組んできた国の駆除対策事業の破綻が明らかとなる
1962年	民間で生体捕獲と囲い飼いがはじまる
1967年	野生シカが減少に転じる
1978年	養鹿牧場の建設がはじまる
1985年	シカ導入から110年、牧場での飼育頭数が30万頭になる
1991年	牧場での飼育頭数が135万頭になる。
2006年	肉や幼角、皮を利活用した鹿産業が定着する
2007年	牧場での飼育頭数が176万頭になり、輸出産業として発展（肉の90％はドイツ輸出、幼角は韓国に輸出、皮は日本などに輸出）

Point

シカの飼育は肉と幼角（鹿茸）の生産を目的として、多くの国々で古くから行われてきています。シカ肉生産に重点を置いてきたのはヨーロッパをはじめとする西欧諸国で、幼角生産に重点を置いてきたのは中国を中心とする東洋の諸国でした。今後日本でもその需要を換起しつつ、肉にとどまらずに、幼角や皮、骨など全身活用をすすめ、中山間地域を軸にした一大産業に育成していく必要があります。その際に、中国とともに、近年肉とともに幼角の生産に力を入れつつあるニュージーランドのシカ産業育成の歴史とその教訓にも学んでいく必要がありそうです。

Column 中国の養鹿と幼角の利用・加工

　平成2（1990）年、農林水産省の協力により、日本からの交流団（JA全農、全開拓連、森永乳業、亜細亜農業技術協会、全日本養鹿協会から派遣された8名で構成）は中国政府農業部との技術交流が実現し、現地（北京、吉林省、遼寧省）の養鹿場で、養鹿技術や幼角（鹿茸）の漢方薬利用・加工技術に関する交流を行いました。14日間にわたる交流の中で、多様な情報と貴重な技術資料を得ることができました。

　中国では、古くから野生の動物・植物・鉱物を中医薬（中国伝統的医学に基づいて処方される漢方薬）の原材料としており、養鹿は幼角を採る目的で行われていました。長い歴史の中で、幼角は中医薬の原材料として主流の座を守り、今や世界市場に出回っています。

　中国では養鹿や鹿資源利用を行うにあたって、まずは人と共存できるように馴化・飼育技術の確立を図り、資源利用としては殺さずに利用できる鹿茸を主役としてきました。とりわけ中国では、性質が温和で、人によく慣れるシカの系統をつくるために長い年月をかけ、馴化・放牧を成功させています。また、シカの疾病予防・治療の研究や幼角の加工技術の確立などに多くの成果を挙げてきました。その成果のおかげで、人をシカの背中に乗せることができるほどです（下記の写真参照）。

馴化したシカ（吉林農業大学にて／1990年3月）

日本でも、中国に習って、日中間で養鹿技術の交流や幼角製品の開発に昭和60（1985）年から取り組みながら、平成 8 （1996）年には中国の幼角専門者らの来日を受けて幼角製品を初めて国内生産を試み、福島や北海道、九州などで幼角を使った製品開発が実現し、平成 4 （1992）年から10年あまり市場にも出回りました。その製品（錠剤、リキュール類）愛用者対象に行ったアンケート結果によると、利用効果として①妊産婦の産後の体力回復、②高齢者の免疫力減退の予防（風邪などの予防）、③頻尿の症状改善、④性機能の増進などが挙げられています。

　その後、平成13（2001）年に BSE が発生して中断したままですが、幼角は老化予防（アルツハイマー認知症予防）効果も期待される製品であり、BSE の規制解除（平成29（2017）年）をきっかけとして、未来志向で幼角製品の復活と加工技術の継承を実現していきたいものです。

幼角製品化を指導してくれた趙世秦先生（左）と張学文先生（右）（1996年）

幼角を使った錠剤「鹿丹」（右）と鹿幼角酒「気快」
幼角や霊芝など厳選された原料を配合し本格焼酎に漬け込み、
長い歳月にわたり独自の製法により成分抽出をしたもの

Q7 シカを家畜として扱うことはできるのでしょうか?

A ニホンシカは日本の風土と気候に適応し、麗姿・温和で強脚を誇る動物です。通常、シカは森に繁茂する下草を食べるため、結果的に樹林内に太陽の光線が差し込む環境をつくる役割も果たします。本来シカは人間社会や森林生態系と大きな軋轢を生むことなく、十分にそれらと共生できる動物であるといえます。確かにほかの家畜に比べると野性的な性格が強く、飼いづらい動物とはいわれますが、仮に野生シカを捕獲して飼育するとしても、初期の馴化(じんか)(人に馴れさせること)をしっかり行えば、シカは十分家畜として飼うことができます。今後の人類の食料問題一つを考えてみても、シカは大きな可能性を秘めた資源といえるでしょう。

養鹿の黎明期へ

シカは奈良の春日大社の神鹿として1200年余の歴史を刻み、国の天然記念物にも指定されています。その一方で、シカ資源は日本人の生活文化に密着した資源として長く活用されてきました。

明治5(1872)年、日本を訪れたニュージーランドの学者H. Z. Wilson氏が、「日本は不毛の土地で養牧可能なシカ飼育を検討すべきである」と提言しました。それから10年後、栃木県の那須野原に元外務大臣の青木周蔵が別邸周辺

春日大社の神鹿

でアカシカの飼育を始めます。次いで日光の宮内省牧場でも飼育調査が行われました。これらが日本における養鹿経営のはじまりといわれています。しかしながらその後、アカシカの飼育は中断してしまいました。

それから約80年後の昭和47年（1972）年に、北海道鹿追町では三好則重氏らが環境庁（当時）に請願し、特別に生体捕獲の認可を得て日本で初めて野生シカを生け捕りし、管理飼育を始めました。捕獲シカの資源確保や事業の持続を目指して町営の「鹿自然ランド」という観光牧場も開園し、ここで繁殖されたシカは全国の牧場に出荷されました。

平成14（2002）年にはJA鹿追町が養鹿場を開設し、鹿追町とJA鹿追町が共同で鹿産物開発研究所を設立・運営し、鹿産物の製品開発や販売事業をはじめました。

北海道・鹿追町のシカ牧場

開発したエゾシカ肉の加工品（❶缶詰／❷ジャーキー）

養鹿の最盛期から試練期へ

昭和58（1983）年、東京で開催された第5回世界畜産学会議において、再び鹿産業の育成に着手する必要性が討議され、それをきっかけに全国各地の農山村地域に小さな燈火（養鹿やシカを利用した産物生産の試み）が灯されていきます。昭和59（1984）年、宮城県河北町（現・石巻市）では町の補助事業で養鹿が行われました。そして、昭和60（1985）年以降、養鹿場の開設が急速に進み、平成元（1989）年までの5年間に東北・関東・中部・四国・

九州の各地方で計20ヶ所もの養鹿場が開設され、その数は急増します。これらは主に村おこしに向けた食肉・幼角（鹿茸）生産や観光利用を目的とした養鹿場でした。この動きを受けて、農林水産省ではシカを「特用家畜」*として認定し、産業として育成していこうとの動きが出てきました。

> *特用家畜：牛や豚、鶏（卵用、ブロイラー用）を除いた動物のうち、乳や肉、卵、蜜、毛皮などの生産物を利用する目的で飼育されている動物やペットなどとして飼育されている動物や実験動物など。畜産業として人が利用する目的で飼育し、繁殖させることができることが前提となる。主な畜種としては以下のとおり。
> ●生産動物：ウマ、ヒツジ、ヤギ、シカ、イノシシなど　●実験動物：マウス、ラットなど　●家禽・鳥類：ダチョウ、七面鳥、ガチョウ、アヒル、ウズラなど　●昆虫：ミツバチ

その後も平成2（1990）年〜平成6（1994）年にかけても14ヶ所の養鹿場が開設され、増加傾向は継続します。この期間は食肉・幼角生産を主な目的とした大規模な養鹿場が多く生まれました。

統計で見ると、昭和61（1986）年から6年間で1,088頭のシカが輸入され、東北から九州まで全国で飼育されました。当初の輸入先は台湾でしたが、その後はニュージーランド、英国などからの輸入が増加します。品種では当初は中型品種が中心でしたが、1990（平成2）年代からは大型の肉用種であるアカシカが大部分を占めました。

表9　日本における輸入シカの年次別推移

年度	頭数（頭）	品種	輸出国
1986	18	スイロク（水鹿）、バイカシカ（梅花）、米国ハナシカ	台湾
1987	30	スイロク、米国ハナシカ	台湾
1988	116	スイロク、ハナシカ、米国バイカシカ、マメシカ	台湾・英国
1989	131	アカシカ	ニュージーランド
1990	353	アカシカ	ニュージーランド
1991	440	アカシカ	ニュージーランド
合計	1088		

なお、国内でのシカの飼養頭数は平成6（1994）年で48ヶ所の養鹿場に3,031頭、平成5（1993）年には66ヶ所、4,859頭にもなりました。

　しかしながら、その後事態は一転します。鹿追町で生体捕獲による養鹿が始まった昭和47（1972）年から約30年後の平成13（2001）年、イギリスで発生したBSE（牛海綿状脳症）が世界中に飛び火します。これにより、牛と同じ蹄類であるシカの飼育をめぐる環境にも影響が及び、ようやく広がりだした養鹿経営が苦難を強いられることになりました。このあおりを受けて、先駆的存在であった鹿追町の養鹿も、平成17（2005）年に撤退の憂き目を見ることになったのです。

養鹿の早期復活に向けて

　こうした試練の時期を迎えるなかで、平成17（2005）年から翌年にかけて全日本養鹿協会では（社）畜産技術協会（平成25年より公益社団法人）の支援を受けて、「養鹿経営安定モデル確立事業」を実施。養鹿の経験を検証し、養鹿復活に向けた基盤づくりを行っていくべく活動を推進しました。

　そして、BSE発生から15年経った平成28（2016）年、BSEの規制が解除となりました。これを機会に、今後はこれまでの各地での失敗事例を検証し、早期の養鹿復活に向けてチャレンジしていきたいものです。

Point

　シカを准家畜として位置づけ、その飼育をすすめていくことが重要である理由は、シカが餌として穀類を必要としないため、人間の食料と競合しない動物タンパク供給源となりうるからです。今後、産業家畜と同じように飼育技術の開発がすすむことにより、人類の食料問題を解決する一つの手立てにもなることが期待されます。

Q8 野生シカを人に馴れさせるにはどうすればよいのでしょうか？

A

シカは臆病な動物ですが、高い学習能力を持ちます。予知能力が優れていて、瞬時に判断しての行動がほかの動物より優れています。したがって、こうしたシカの特性を利用すれば馴化(じんか)は可能です。馴化の仕方は哺乳期の子ジカと成長期以降のシカとで区分され、生体捕獲と管理飼育を続けながら一定期間行う馴化においては子ジカが向いており、できれば哺乳期から人工哺育を行うことが望まれます。

子ジカの捕獲の仕方

シカを人に馴れさせるための一番の近道は、子ジカを捕獲して哺育することです。母ジカは子ジカが生まれて一週間以内は、外敵から身を守るために隠れ場所で哺育を行います。母ジカの獣道を確かめて、子ジカの隠れ場所を見つけ出し、捕獲するとよいでしょう。子ジカはうずくまって動かない習性がありますので、子ジカを簡単に捕獲することができます。

隠れている子ジカを手づかみか手網で捕え、すぐに静かで、できるだけ暗い舎内に移して人工哺育を行います。

子ジカは森の中の大木に隠れて身をひそめている（写真提供：野村紗也香氏）

子ジカの哺育の仕方

　子ジカは牛乳か代用乳を与えながら時間をかけて哺育し、馴化させます。離乳したあとに粉餌を給与する時には、子ジカに声をかけるかシカ笛*などで誘導訓練を欠かさないようにするとよいでしょう。

　また、子ジカの哺育環境は、静かな場所でストレスを与えないことが重要です。とくにシカは寒冷には強いものの、高湿や高温に弱いため、塩分と水分を常時摂ることができるようにし、疾病の予防に努めることが不可欠です。

　なお、捕獲した野生シカの馴化は難しいため、捕獲直後から飼養管理を行う場合は、以下に挙げるような基本原則にそって行いましょう（詳しくは拙著『シカの飼い方・活かし方』を参照のこと）。

子ジカへの哺乳

子ジカへの餌やり

子ジカの飼育環境

＊シカ笛：シカをおびき寄せる道具として、縄文時代以来、近代に至るまで連綿と続いてきたシカ笛を使ったシカ猟は、シカの生態観察にもとづいて日本の季節循環を踏まえて行われてきた。明治から昭和にかけてシカ笛で狩猟を行っていた記録が各地にあり、年間1,000頭あまりのシカをシカ笛で捕獲していた地域では、捕獲したシカの供養塔を建てて供養してきたという。

シカ笛は、その音でシカをおびき寄せ、餌を与えたり、健康状況をチェックしたりするのに役立つ。それが有効に働くためには、雌ジカの声に似た音響であること、また雌ジカの擬鳴音が遠くまで届くことが不可欠である。

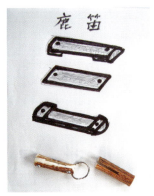
シカ笛の構造（絵）と現物

飼養管理の基本原則は？

シカを群れで飼育するにあたっては、以下の基本原則を守る必要があります（詳しくは拙著『シカの飼い方・活かし方』を参照のこと）。

❶ 合理的に群れを分けて管理する

　シカはほとんど半野生の状態にいるので、生活の習性でも生理的機能でも多少野生動物の特性が残っていることから、これを踏まえた適切な飼育管理をしなければなりません。

❷ 衛生状態と病気の予防・治療によく気をつける

　野生状態にあるシカは病気への抵抗性が非常に強いですが、飼養される状態になると環境が変化するため、逆に病気にかかりやすくなります。

❸ 衛生や防疫上の義務事項を厳守する

　たとえば玄関の所に消毒槽を設置するなど、牧場内での衛生や防疫上の義務事項を厳しく守らなければなりません。

❹ 静かな環境をつくる

　シカは神経質です。いつも耳を立て、ちょっとした騒ぎがあっても、すぐ驚きあわててあちこち逃げ回ります。したがって、物にぶつかりやすいことに気を遣いながら、シカが落ち着ける静かな環境を心がけましょう。また、万が一ぶつかってもケガをしないような飼育施設の環境となるように配慮することも必要です。

❺ つねにシカの群れの様子を観察する

　群れの基本状況や群れ内のすべてのシカの様子をよく知っておきましょう。飼養施設内に飼槽や草架、水飲み場を設け、常時シカが出入りできるようにしておくと馴化が容易になるだけでなく、各個体の健康状態や成長の様子も観察できます。

なお、基本的にシカは病気にかからない動物ですが、飼育して3～5年経過した鹿舎や牧場などの施設は汚染の度合いが強まり、疾病発生のリスクが高まるため、その対策が重要となります（出典：『馴化技術体験レポート集』）。

飼育環境の優良事例（熊本県南阿蘇村・久木野牧場）

Point

　野生シカを生体捕獲して準家畜として飼育するにあたっては、まず人に馴れさせる必要があります。そのための一番の近道は、子ジカを捕獲して静かな環境のもとで哺育することです。

Q9 どうすればシカ資源を活用した地域産業を興すことができるのでしょうか。

A
シカの異常増加に対して駆除中心に解決を図っていくことには限界があり、こうした緊急避難的な対策が逆に新たな被害を誘発することになっているのが現状です（Q1参照）。今後新たな被害を広げることがないように、ここで駆除に重点を置く対策を改め、シカを有用資源として位置づけ直し、その持続的利用に向けた総合的な対策が必要になってきます。その際に、ニュージーランドでの養鹿産業立ち上げまでの道筋や日本で昭和60（1985）～平成12（2000）年頃にかけて取り組まれた養鹿牧場開設の実践事例をしっかりと検証し、その試みや経験を積み重ねる中で確立されてきた飼育技術や経営手法に学んでいくことが不可欠です。

まずは先進地域や過去の事例から学ぶこと

　養鹿産業の立ち上げにあたっては、野生シカの異常増加を防ぐ対策に試行錯誤を繰り返し、その解決に100年余の歳月を要したニュージーランドの実例（国が推し進めた駆逐を軸にした被害防止対策によって事態が解決できず、最終的に民間が主導して持続的にシカ資源を利活用していく養鹿産業を各地に立ち上げていくことによって解決の道筋が見えてきたこと）をしっかりと検証し、そこから教訓と今後に生かせる方策を具体的に学んでいくことが重要です。

　と同時に、昭和47（1972）年から日本において始まった養鹿牧場開設の取

り組みを検証し、そこでのさまざまな試みや経験を踏まえて確立されてきた飼育技術を次代に引き継いでいくことが必要です。

現状では駆除したシカ資源がほとんど廃棄されており、利用されても人間向けではなく、ペット向けのエサとして多量に使われていることにも目を向けていく必要があります。

開発されてきたシカ肉加工品（❶缶詰、❷ウインナー）

ところが今の日本では、シカを飼うということはほとんど現実性のあるものとは考えられておらず、畜産経営の一つの形態として考えるような風潮はまったくないのが現状です。まずは早期にそのような認識から脱出し、シカを畜産業の形態の一つとして位置付け、その産業化を図る世界の新潮流を知り、その流れにしっかりと乗って、異常に低い食料自給率や高まる高齢化への対応なども考慮に入れながら、シカへの対策を総合的、多面的に考えていくことが重要です。今こそ、シカを駆除対象としてではなく、共存しながらその資源利用を図る養鹿産業の確立に向けて足を踏み出すべき時に来ていると思います。

シカ産業立ち上げのためにまず必要なこと

シカの飼育（養鹿）とシカ資源の活用にあたって、以下の点を意識しながら取り組んでいくことが重要です。

1. 特用家畜としてのシカの飼育に関する技術体系を確立すること

2. シカ資源を全身利用し、高品質志向の商品を開発し、生産・販売すること
3. シカを地域の資産として位置付け、地域おこしを行うための手段とすること
4. 農林業や酪農など畜産業、獣医らが事業立ち上げに参画し、産官学連携と広域連携により推進していくこと
5. 産業として持続でき、その存在を広く認識してもらえるように、高級志向のシカ産品を開発し、海外への輸出やインバウンドの観光客に向けた販売なども視野に入れて取り組んでいくこと

さらに、シカと人との共存関係を構築するための場を計画的に設けるために、具体的に以下のようなイメージで施設整備などを行うことが考えられます。
1. シカの生態観察エリアを設置し、自然のなかでシカが観察できる広場を設け、計画的かつ科学的な調査を実施すること
2. シカの馴化技術や飼育技術を確立するため、子ジカの人工哺育を含む実践研究エリア（研究棟や教室等を完備）を設置すること
3. シカ資源と地域で埋没している他の資源を組み合わせて、地域特産品開発の可能性を模索すること
4. 研究設備を持った地域資源研究館や科学技術館を設置し、一般住民向けの講座も開設すること
5. 国内外のシカ専門家や研究者を招待し、滞在型のゼミ講習会を開催し、国内での養鹿希望者や実践者向けの研修講座を常設すること
6. 市民参加の情操教育や健康増進につながる観光プログラムを推進するため、憩いのエリアとして自然林などを整備し、馴化したシカ群と人間が交流できる広場を設けること

シカの観光牧場の事例

観光牧場でシカに餌をあげる子ども

表10 産物ごとの商品化に向けた特徴

項目	皮	肉	幼角
加工等の技術の難易度	中	中	高
商品の収益性	中	高	最高
野生シカの利用	○	○	×
養鹿したシカの利用	○	○	○
産物開発のためのキーワード	日用品への利用 ストーリー性 伝統工芸品への利用	健康（薬膳）食材 多様なグルメ商品	健康と医療への利用 不老長寿の漢方素材

図16 シカの皮革の特徴と商品開発例

●ニホンシカの鹿革を使った製品開発例　①鹿革創作衣装

　鹿革の多方面での活用を目指し、日本鹿皮革開発協議会では平成22（2010）年（写真上／奈良遷都1300年祭）と平成27（2015）年（写真中／文化服装学院文化祭）、平成28（2016）年（写真下／日本の鹿革を使った創作作品展）の3回、文化服装学院（東京都渋谷区）等に委嘱して日本の鹿革を用いた衣装を創作し、発表・展示会を行った。

●ニホンシカの鹿革を使った製品開発例　②鹿瑠丹印伝（かるたんいんでん）

　伝統工芸の印伝も現在は輸入皮革を使用している（甲州印伝は中国のキョン原皮）。日本鹿皮革開発協議会では、ニホンシカの鹿皮を原料とした国産印伝づくりに着手し、「鹿瑠丹印伝」と命名した国産印伝の開発に平成28（2016）年成功した。

●ニホンシカの鹿革を使った製品開発例 ③金唐革（きんからかわ、復元品）

　皮革特有の柔らかで温かみのある質感を生かすとともに、革の表面に金属箔を貼り、模様をプレスして透明な塗料で仕上げた製品。8世紀の北アフリカ（リビア）発祥といわれ、14〜18世紀にヨーロッパに伝わり、やがてトルコ、インドを経由して日本にもたらされた。その金唐革を使った製品は徳川幕府将軍家への献上品とされ、徳川家光長女の千代丸の婚礼調達品として有名。右の製品（ポーチ）を平成28（2016）年に商品化した。

●ニホンシカの鹿革を使った製品開発例 ④合財袋（がっさいぶくろ）

　一切合財を入れることから「合財袋」と命名された袋。江戸時代から多様な素材、模様で"粋"を競い合ったとされる工芸物。ニホンシカの皮革を用いた合財袋を現代に甦らせることに成功し、平成27（2015）年に商品化した。

Point

　シカ飼育を畜産業の形態の一つとして位置付け、野生のシカとも共存しながらその持続的な資源利用を図る養鹿産業の確立に向けて足を踏み出すべき時に来ています。それぞれの産物（皮、肉、角、骨など）の伝統的活用法に学びつつ、その特徴を現代的な発想でつかみ直し、新たな需要や嗜好性に基づいた商品開発が求められています。

Q10 シカ資源を中山間地の地域づくりに活かすにはどうすればよいのでしょうか？

A 日本では変化に富む地勢の中に稲作文化が山の奥地にまで息づき、人々の労苦が刻まれた棚田や景観豊かな山里が全国に存在し、こうした山里には多様な生物が生息しています。そのなかでもニホンシカは貴重な日本在来の生物資源の一つであり、古代から森林環境と共存し、「日本人の心・技・匠」を象徴し、体現してきた歴史をもつ貴重な資源です。在来種であるニホンシカが安心して定住できる自然環境（生態系）の保全に努めながら、馴化と飼育の技術を駆使して観光牧場を立ち上げ、疾病予防や繁殖（育種）に取り組みながらシカ資源利用を持続できるような取り組みが期待されます。

日本の養鹿場の実践から考える

　現在、国内に養鹿場はほとんどありませんが、それを理由に養鹿は国内では不可能だと決めつけることなく、シカ資源の価値についてもっと思いを巡らすことが重要ではないでしょうか。とくに、昭和60（1985）～平成12（2000）年頃にかけては中山間地域を中心に国内で66ヶ所あまりの牧場が存在した時代もあったことから、その道を拓き、養鹿産業の基礎づくりに取り組んできた先駆者たちの「志」や「技術」に学び、その「遺産」をしっかりと次代に継承・発展させていくことが必要です。
　シカと共存し、その資源を有効に活用し、中山間地域を軸にシカをテーマにした新しい産業を興し、それを起爆剤に地域を活性化していくことも可能

だと考えます。とくに今後新たな展開を図っていく上でのポイントとしては、これまで述べてきた鹿肉の健康増進等につながる薬膳的な利用とともに、30年間にわたる日中の養鹿技術交流のなかで共同研究により製品化してきた幼角製品（鹿幼角酒など）を復活すること。また、シカ革を使った伝統工芸品である「印伝」（現在、原料はほとんど中国産キョンの原皮）などに日本のシカ革を利用していくこと、この２つを突破口として養鹿の再興に向けた道筋にもつなげていけるものと考えます。

養鹿に取り組んできた地域の一つ、福島県東和町（現・二本松市）では、少子高齢化対策の一つとして養鹿場の開設と日中間での養鹿技術の交流、幼角（鹿茸）の民間薬としての製品化（鹿幼角酒「気快」）の３つの事業を日本で最初に推進し、多くの成果を挙げてきました（表９参照）。しかし、その事業は全国の養鹿場と同様に道半ばの状態で BSE 発生により、やむなく撤退を余儀なくされてしまいました。そうとは言え、養鹿場の灯は何とか絶やさないでいたいものです。

表11 地域の文化資源を活かした地域産業おこしとして取り組んできた東西の優良事例

	[東日本] 福島県東和町（現・二本松市） 東和鹿場	[西日本] 熊本県山鹿町（現・山鹿市） 山鹿鹿牧場
歴史・ 文化資源	安達郡木幡村（現二本松市）は綿羊と養蚕が日本一だった	古い遺跡からシカ肉をさばいたと思われる刀が発掘される。日本一「鹿」に関わる名称が多い
開始と概要	昭和61（1986）年台湾からダマシカ導入	昭和61（1986）年ニホンシカのほか10品種導入
事業目的	幼角製品化による地域おこしに取り組み、過疎地の人口流出対策とする	シカ肉や幼角製品を開発し、観光・福祉連携をすすめる
主体	住民有志が主役で、自治体が支援し、シカの団体と連携	個人が主役で、農業高校と連携
中国との 技術交流	服部健一町長（当時）以下20余名が数次にわたり交流。中国特産研究所のシカ牧場などを視察のほか、来日した技術者とも交流を行う	仲光敬吾、中尾正弘、原賀正人、石渕和人、前田律、仲光満津子、松原各氏７名が中国農学会やシカ牧場などを訪問し、技術交流を行う
事業の推移	平成13（2001）年 BSE 発生により事業撤退	平成13（2001）年 BSE 発生により事業撤退

福島県東和町（現・二本松市）の養鹿場

熊本県山鹿町（現・山鹿市）の養鹿場

シカ資源を活かした
地域産業立ち上げに必要なこと

　シカ資源を活かして観光事業を立ち上げるにあたって、前提としてどのようなシカ対策が必要となるでしょうか。

　まずは、移動シカとなって各地に被害を与えているシカの群れを定住シカとして本来生息すべき領域に回帰させることです。その一方で、野生シカを誘引・馴化し、その上で養鹿をベースにした観光牧場などの新たな仕事づくりを行うことです。その際に、林業と畜産業（酪農家、獣医など）が連携して取り組むとともに、そうした人材も含めて地域に眠るさまざまな資源を掘り起こし、相互に結びつけていきましょう。それらが有機的につながり合うことにより、新たな地域の産業が創出される大きな力になるに違いありません。

その際に留意すべき視点として以下の3点が重要です。

1. 森とシカとの密接な関係性を考慮し、傾斜ある草原や荒地の利用など、山間地の地形や地域資源を利用して営まれる「山地酪農」の実践に学び、過疎・僻地でのシカの養牧のスタイルを築くこと
2. 特用家畜として野生シカを馴化し、人工的に飼育する技術を確立する。餌として地域に豊富に存在する山林の小枝や葉っぱなどの植物資源を最大限利用し、地域資源を生かした飼料の開発・生産を行うこと
3. 特用家畜のシカの全身利用を目指して、①皮革 ②肉・角 ③骨の三品セットで事業化を図ること

図17 シカ牧場の配置図（長野県・大鹿養鹿生産組合南アルプス鹿牧場の例）

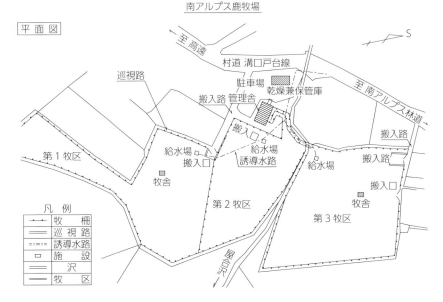

Point

　野生シカを誘引・馴化した養鹿の取り組みを全国の中山間地に広げ、特用家畜としてのシカの本格的な飼育（畜産的飼育）と並行して推進していくならば、中山間地域での新たな仕事づくりにつながり、人口流出を食い止める一助にもなるのではないでしょうか。

あとがき

―人と鹿が共存していくために―

　昭和60（1985）年、日中畜産技術交流事業（イノシシ・シカ）と連動して、平成2（1990）年、全日本養鹿協会を創立しました。そして、資源価値の高いニホンシカ利用による養鹿産業の基礎固め活動を開始しました。

　さらに、平成8（1996）年から畜産技術協会の委託により「特用家畜鹿資源利用開発事業」を推進してきましたが、平成13（2001）年のBSE（牛海綿状脳症）の発生により大きな困難に遭遇しました。しかし、こうした低迷期においても、平成19（2007）年までは養鹿技術の体系づくりを継続してきました。また、平成20（2008）年からは、日本鹿皮革開発協議会を創立し、経済産業省所管の「皮革産業連携事業」を推進して現在に至っております。そして同事業から数えて15年目の平成28（2016）年、BSEの規制が解除されることになりました。

　平成29（2017）年の今、世界は9人に1人が食糧飢餓により苦しんでいます。その原因としては自然災害や地域紛争、発展途上国の人口増加などが挙げられます。そうした状況下で、平成29（2017）年の日本における食料自給率（カロリーベース）は38％と、前年に比べて1ポイント低下しています。工業立国なので輸入に頼ればよいと思ってこの状況を見過ごしていると、近い将来必ずや大きな痛手を負うことになるでしょう。世界的な穀物不足の潮流を軽視してはなりません。

　とくに近年、地球温暖化の影響による気候変動などにより、世界各地で頻発している自然災害や人為災害は生態系の異変を加速化しています。今後、われわれが目指していくべき方向は、地域に埋没している様々な資源を積極的に発掘し、それらの資源を高付加価値化した新たな地域の産業を創出していくことです。魅力ある仕事が創出されたところには、必ずや若い人たちや都会に暮らす郷里出身者たちが引き寄せられ、その結果、流出人口が抑えられるとともに移住者も増えて、地域が元気を取り戻していくことにもつな

がっていくに違いありません。

　その新たな中山間地域の産業として期待されるのが、穀物を必要としない動物資源の利用です。その点で、日本在来種のニホンシカは優れた資質を兼ね備えた資源です。確かに日本におけるシカ飼育の道は平坦ではありませんでしたが、明治以来の実践の中で培われ、蓄積されてきた知識や技術が数多くあります。過去の失敗の経験や海外の成功事例なども正しく検証し、学んでいくことで、今後の展開にとって教訓や指針を示してくれることでしょう。

　その際に長い歴史を誇る中国型養鹿と中国の伝統医学（中医薬や鹿茸利用など）に係る技術交流の歴史を風化させることなく、未来志向でそれらの利用を図ることが重要です。とくに30余年続けてきた日中間の養鹿技術の交流と共同研究による成果の再商品化が望まれるところです。

　今こそ、こうして先人たちが築いてきた宝物（知恵や技術）を次代に引き継ぎ、日本型養鹿と鹿産物利用に取り組んでまいりましょう。皆さんもご一緒にいかがでしょうか。

　なお、本書を出版にあたって多くの方々にお世話になりました。

　企画段階から出版に至るまでご助言と監修をいただいた京都大学名誉教授・宮崎昭先生、（公社）畜産技術協会前会長・菱沼毅氏および現会長・南波利昭氏、同専務理事・石原哲雄氏には深甚なる謝意を表します。また、本書の参考にさせていただいた文献・資料の著者の皆様方には深く感謝を申し上げます。

　最後に、出版を快く引き受けてくださった農文協の編集・制作スタッフの皆様には心から御礼申し上げます。

平成30（2018）年1月20日　著者記す

資料1 日本におけるシカの歴史と養鹿、資源利用などの流れ

年号（和暦）	西暦	内容
明治5年	1872	NZ・H・Z. Wilson氏が「日本での養鹿の基礎固めを」提言
6年	1873	北海道でシカ皮の生産開始
11年	1878	北海道でシカ肉缶詰工場開設、生産開始
18年	1885	栃木県・那須青木牧場でアカシカとニホンシカの飼育開始
20年	1887	栃木県・宮内庁日光牧場でアカシカとニホンシカの試験飼育開始
昭和47年	1972	北海道・鹿追町で野生エゾシカ捕獲し、飼育開始
55年	1980	岐阜・今井氏がニホンシカとアカシカなど数種のシカを馴化、飼育開始
56年	1981	長崎・八木氏、鹿児島・楠木氏がシカの飼育開始
58年	1983	世界畜産学会議東京会場でシカの飼育について討議
59年	1984	宮城・河北町が補助事業による養鹿事業（第1号）を開始
60年	1985	長野・長谷村、宮城・河北町、千葉・船橋オスカ牧場、熊本・ディアランド（150頭の大規模経営に）でシカの飼育開始
61年	1986	外来種の輸入頭数増加／岩手・三陸町で野生シカの捕獲、管理飼育開始
62年	1987	北海道・十勝農協連、静岡・大井川町、宮城・一迫町、山形・最上町、高知・三町（大正町、土佐町、香北町）でシカの飼育開始
63年	1988	日本鹿協会が発足／青森・日本農林㈱、岩手・小野田セメント㈱、福島・東和町、栃木・二町村（森町、久木野村）でシカの飼育開始
平成元年	1989	埼玉・小鹿野町、群馬・松井田町、岡山・畜産センター、大分・久住牧場、長崎・美津島町、沖縄・平成牧場でシカの飼育開始
2年	1990	全日本養鹿協会が設立／中国養鹿技術団が来日／北海道・上川町、岩手・橋本ファーム、遠藤氏、宮城・前田氏、長野・前沢氏、静岡・掛川市、愛知・作手村、熊本・御船町でシカの飼育開始
3年	1991	農林省がシカを特用家畜に位置づけて研究会開催、養鹿の補助事業開始／北海道・佐藤氏、群馬・小堀氏、富山・沢井氏、高知・葉山村でシカの飼育開始
4年	1992	日中合同鹿産物開発会議を開催、幼角酒を開発／ニュージーランド養鹿調査を実施／熊本・水俣市農山氏、大分・清川氏がシカの飼育開始
5年	1993	第1回人と鹿の共存と交流全国大会を開催（北海道・鹿追町）／宮崎・南郷村でエゾシカ導入、熊本・小山氏がシカの飼育開始
6年	1994	第2回人と鹿の共存と交流全国大会を開催（宮城県河北町）／青森・六ヶ所村岡山氏、熊本・芦北村飼育開始
7年	1995	第3回人と鹿の共存と交流全国大会を開催（栃木県黒磯市）／中国の養鹿技術専門家を招待／石川・門前町でエゾシカ導入し、飼育開始

年号（和暦）	西暦	内容
8年	1996	家畜伝染病法の改正によりシカも対象家畜に指定／第4回人と鹿の共存と交流全国大会を開催（長崎県美津島町）／世界鹿大会で宮崎昭氏が講演
9年	1997	第5回人と鹿の共存と交流全国大会を開催（岩手県花巻市）
10年	1998	中国で養鹿現地調査を実施
11年	1999	（社）エゾシカ協会設立／中国特産研究所と養鹿技術交流
13年	2001	BSE（牛海綿状脳症）発生、養鹿事業に大打撃
15年	2003	家畜飼料安全法改正、シカが飼料法上で家畜となる／シカ肉成分（アミノ酸等）調査を実施
16年	2004	野生シカの生捕り調査を実施
17年	2005	シカ事業経営の調査を実施／幼角加工・養鹿ゼミナール開催
18年	2006	野生シカ被害アンケート調査の実施／養鹿経営安定モデル指針を発表
19年	2007	野生シカ被害対策・鹿皮利用事業を実施（農林水産省、経済産業省補助事業）／シカ皮素材の地域別調査を実施し、野生シカ皮の収集システムを企画
20年	2008	日本鹿皮革開発協議会が発足／野生シカ皮革の分析・評価、モデル製品を試作／「鹿革製品開発事業」3カ年計画に取り掛かる
21年	2009	野生のニホンシカ皮の特性の調査実施／なめし革仕上げ、鹿革製品を試作
22年	2010	日本エコレザー認定品に鹿革製品3点選定／平城京1300年記念祭ファッションショーで日本の鹿革利用の創作衣装を発表
23年	2011	JESマークの鹿革製品を生産、普及／鹿産物技術研修会の開催
24年	2012	第6回人と鹿の共存を考える集いを開催（東京都・女子栄養大学）／絞り染め革などの和風の特殊革開発、試作品つくりと啓蒙活動
25年	2013	日本エコレザー認定品が20種に増加／革匠工と連携して作品展示、普及活動推進
26年	2014	第7回人と鹿の共生全国大会を開催（京都市・京都大学）／各種のエコ革製品を開発・製品化し普及
27年	2015	「養鹿産業」興しに向けた提言を発表
28年	2016	BSEの規制解除／ニホンシカ革を使った印伝を開発・商品化／文化服装学院文化祭ファッションショーで日本の鹿革利用の創作衣装を披露
29年	2017	日本の鹿革を使った創作作品展・鹿文化産業の歩み展を開催（文化服装学院）

資料2 全国のシカ牧場での飼育頭数と品種（平成2年3月31日現在）

シカ牧場		頭数				品種
		雄	雌	子鹿	計	
北海道	十勝農協	9	11	7	27	エゾシカ
	鹿追町エゾジカ保護協会	10	27	14	51	エゾシカ
	鹿追町農業協同組合	8	7	2	17	エゾシカ
	足寄町	4	10	6	20	エゾシカ
	桜井勝義	0	2	0	2	エゾジカ、ニホンジカ
	佐藤健二	2	3	2	7	エゾジカ
	山本三喜男	9	12	0	21	エゾジカ、ニホンジカ
	新興産業（株）	22	30	15	67	エゾジカ、アカシカ
青森	日本農林生産組合	64	98	41	203	水鹿、美国梅花鹿
	弘前市弥生いこい広場	2	2	1	5	ホンシュウジカ
	金木町芦野公園	3	6	4	13	ニホンジカ
	青森市合浦公園	1	3	0	4	ニホンジカ
	三戸町	8	5	5	18	ニホンジカ
岩手	三陸町ふるさと振興	55	100	60	215	ニホンジカ
	東北オノダ興業（株）	25	25	11	61	ニホンジカ
	（有）橋本ファーム	2	56	21	79	アカシカ、エゾシカ
宮城	河北町養鹿生産組合	20	19	8	47	ホンシュウジカ
秋田	神岡町	5	4	4	13	中国梅花鹿
山形	最上町営前森牧場	6	10	3	19	ニホンジカ
	蔵王温泉観光（株）	5	3	6	14	梅花鹿、エゾシカ
	大平山荘	5	6	3	14	ニホンジカ
福島	東和町養鹿研究会	11	17	13	41	美国梅花鹿
	棚倉町観光協会	2	2	3	7	ニホンジカ
	吾妻高原牧場利用組合	1	1	0	2	梅花鹿
茨城	鹿島神宮	10	14	5	29	ニホンジカ
	富田勇一	1	1	0	2	ニホンジカ
栃木	森　隆夫	8	17	6	31	アカシカ、ニホンジカ
埼玉	おがの鹿公園委員会	6	22	2	30	ホンシュウジカ、ヤクシカ
長野	大鹿養鹿生産組合	5	26	12	43	ホンシュウジカ、ヤクシカ
	前澤治夫	1	1	0	2	ホンシュウジカ
	長谷村	20	48	16	84	ニホンジカ、ヤクシカ
静岡	井川企業組合	15	11	7	33	ニホンジカ
	倉見鹿場	1	4	0	5	ダマシカ
新潟	弥彦神社	7	6	2	15	ニホンジカ

シカ牧場		頭数				品種
		雄	雌	子鹿	計	
岐阜	今井竹次	2	2	2	6	白シカ、花シカ
愛知	作手村養鹿研究会	2	3	1	6	梅花鹿、ニホンジカ
三重	合歓の郷	16	119	25	160	F1ニホンジカ×エゾシカ
滋賀	県畜産技術センター	1	1	1	3	ニホンジカ
岡山	県総合畜産センター	1	1	1	3	エゾシカ
愛媛	ふれあいの里鹿鳴園	4	3	5	12	エゾシカ
高知	相愛ファーム土佐	18	16	8	42	水鹿
	赤松幹夫	1	4	3	8	水鹿
	相愛ファーム大正	9	19	12	40	水鹿
長崎	八木鹿牧場（有）鹿生産改良	300	350	100	750	ニホンジカ、アカシカ、ダマシカ、梅花鹿
	美津島町	23	12	3	38	ツシマジカ
熊本	ディアーランド九州	80	114	56	250	ニホンジカ、ワビチ、ダマシカ、アカシカ、鹿花鹿、サンバー、キョン
大分	（株）久住牧場	75	250	0	325	アカシカ　梅花鹿
	中村　宗章	0	0	1	1	ニホンジカ
	（株）清興物産	3	3	2	8	エゾシカ
鹿児島	鹿児島平川動物公園	16	19	14	49	黄ジカ、花シカ、マゲシカ、キュウシュウジカ
	西之表市	5	10	9	24	マゲジカ
	屋久島観光開発（株）	4	3	1	8	ヤクシカ
	鹿屋市小動物園	2	0	0	2	マゲシカ
	阿久根市	40	60	30	130	ニホンジカ（野生）
	くすのき荘鏑木園	3	0	0	3	ニホンジカ（野生）
沖縄	（有）平成牧場	18	66	6	90	梅花鹿、アカシカ
	（合　　計）	976	1664	558	3198	

・全日本養鹿協会のアンケート調査より（観光地である奈良県奈良公園や広島県宮島町などは除く）
・回答が得られた56カ所について主に農業としてのシカ飼養動向の把握を試みた（一部村おこしとして取り組み始めた牧場も含む）。

資料3　養鹿に関する情報を得るための実践記録と技術資料一覧

◆(社)畜産技術協会発行の報告書など

　「家畜資源利用開発調査研究事業　平成9〜13年報告書」／平成14（2002）年
　「鹿産物利用ハンドブック」（A4版、111頁）／平成12（2000）年
　「養鹿マニェアル」（A4版、71頁）／平成17（2005）年
　「特用家畜等生産技術向上対策事業　平成17〜19年報告書」／平成20（2008）年
　「北海道畜産学会第59回大会講演要旨集」（A4）／平成17（2005）年
　「新家畜資源利用開発調査研究事業報告書」／平成18（2006）年
　「養鹿経営を安定させるための指針」（B5版、53頁）／平成19（2007）年
　「第1〜7回人と鹿の共存と交流全国大会要旨集」（B5・A4）／平成2（1990）〜28（2016）年

◆その他のシカ専門技術書

　「養鹿技術ダイジェスト」（54頁）／昭和63（1988）年
　「養鹿事業の手引書 飼養管理技術編」（B5、217頁、(株)畜産資材研究所）／平成4（1992）年
　「鹿飼養管理の実際」（B5、103頁、(株)畜産資材研究所）／平成5（1993）年
　「日本の養鹿と全国鹿場写真集」（B5、40頁、全日本養鹿協会）／平成6（1994）年
　「農業技術体系畜産編第6巻中小家畜（鹿）」（B5、26頁分、農文協）／平成6（1994）年
　「シカの飼い方・活かし方」（A5、168頁、農文協）／平成28（2016）年

◆中国で発行された技術書

　「養鹿学」（中国語版、282頁）／1985年
　「鹿科技術資料総偏」（中国語版、1150頁）／1985年
　「鹿産品開発利用（鹿茸片）」（中国語版、205頁）／1994年

◆雑誌・新聞等の紹介記事など
◎雑誌『Stock』(週刊)
　1989.1.27号「資源動物としてのシカ類　東和町の町おこし　活動と養鹿」
　1989.4.14号「老令者社会の機能性食品と鹿茸(幼角)」
　1989.4.21号「健康と長寿をもたらす。東和町養鹿研究会の鹿たち」
　1989.8.25号「①東和町における養鹿事業の概況」「②宮城県河北町養鹿生産組合の概況」「③英国における養鹿：現状と未来の展望」
◎雑誌『畜産コンサルタント』(月刊、中央畜産会)
　1991年6月号「新肉資源としてシカを見直す」
　2015年3〜4月号「シカ被害軽減とシカの有効利用に向けた提言」(上・下)
◎雑誌『畜産の研究』(月刊、養賢堂)
　2015年4月号「シカ被害軽減とシカの有効利用に向けた提言」
◎全国農業共済新聞(週刊、全国農業共済協会)
　2017年7月12日号「害獣駆除から共存へ 鹿革で地域おこしを」
◎AERA(週刊、朝日新聞社)
　1992年1月28日号「猪鹿と日本人の1万年戦争」

★資料の閲覧・貸出しに関するご案内
上記の資料は日本鹿皮革開発協議会で所蔵しています。閲覧・貸出しなどをご希望の場合は、以下までお問合せください。

日本鹿皮革開発協議会(会長：丹治藤治)
　〒152-0022
　東京都目黒区柿の木坂3-7-16
　TEL：03-3414-2877
　http://www.nihonshika-hikaku.com/

■著者略歴

丹治藤治（たんじ・とうじ）

昭和5年福島県東和町生まれ。獣医師。昭和25（1950）年日本大学獣医学部卒業。昭和27（1952）年同大学法学部卒業。協同薬品株式会社、クミアイ化学工業株式会社を経て（株）畜産資材研究所創立、のち（株）カルタンに社名変更、現在に至る。その間、クミアイ家畜薬研究所創立、養豚技術研究所創設、木幡雑草会創立（日本最初のふるさと興し活動）、（社）日本中国農林水産交流協会理事・専務理事、全日本養鹿協会創設専務理事・会長、日本鹿皮革開発協議会創設会長、日本鹿皮革文化を考える会発起人。

■監修者略歴

宮崎　昭（みやざき・あきら）

昭和36（1961）年京都大学農学部卒業。京都大学教授、学生部長、大学院農学研究科長・農学部長、副学長で退官。名誉教授。その間、朝日農業賞中央審査員、畜産振興事業団評議員、畜産大賞中央全体審査委員長などを歴任。専門分野は畜産資源学、国際畜産論で、昭和51（1976）年に日本畜産学会賞を受賞。平成27（2015）年に第33回京都府文化賞特別功労賞受賞。

公益社団法人　畜産技術協会

昭和16（1941）年発足。畜産技術者相互の技術情報の連絡や親睦を図るとともに、技術者同士の連携強化、畜産に関する技術の向上・発展を目指して事業活動を行う。

Q&A　はじめよう！　シカの資源利用

2018年3月30日　第1刷発行

著　者　丹治藤治
監修者　宮崎　昭／公益社団法人　畜産技術協会
発行所　一般社団法人　農山漁村文化協会
　　　　〒107-8668　東京都港区赤坂7丁目6番1号
　　　　TEL　03(3585)1141(営業)　03(3585)1144(編集)
　　　　FAX　03(3585)3668　　振替　00120-3-144478
　　　　URL　http://www.ruralnet.or.jp/

組版・装丁　（株）新後閑
印刷・製本　凸版印刷（株）

ISBN978-4-540-17197-0

〈検印廃止〉
Ⓒ 丹治藤治 2018 Printed in Japan
定価は表紙に表示
乱丁・落丁本はお取り替えいたします。